住宅设计创意与细部节点图解

（日）彦根安德丽娅
Andrea Hikone 著

孙逸达 吴鑫伊 译

化学工业出版社
·北京·

内容简介

　　《住宅设计创意与细部节点图解》是一本住宅设计的大全，囊括了住宅设计的方方面面。从最初的基地规划到功能空间细分、建筑采光及材质，再到住宅的细部构造和节点做法，应有尽有。

　　不同于一般的建筑构造教科书，这本书将住宅设计提炼成300个设计的创意点，以近千幅图纸和实景照片一对一呈现，用图解式的语言详尽阐述优秀住宅的设计原理，直观而简洁。本书是建筑师、室内设计师和其他相关专业人员的优秀参考书，对于建筑和设计专业的学生也很有参考价值。

300 IDEAS AND HINTS FOR ULTIMATE ARCHITECTURAL DESIGN
©2013 ANDREA HIKONE.
Originally published in Japan in 2013 by X-Knowledge Co., Ltd.
Chinese (in simplified character only) translation rights arranged with X-Knowledge Co., Ltd.
TOKYO, through g-Agency Co., Ltd, TOKYO.

本书中文简体字版由 X-Knowledge Co.,Ltd 授权化学工业出版社有限公司独家出版发行。

北京市版权局著作权合同登记号：01-2021-1754

图书在版编目（CIP）数据

　　住宅设计创意与细部节点图解／（日）彦根安德丽娅著；孙逸达，吴鑫伊译. —北京：化学工业出版社，2021.6
　　ISBN 978-7-122-38613-7

　　Ⅰ.①住…　Ⅱ.①彦…　②孙…　③吴…　Ⅲ.①住宅-建筑设计-图解　Ⅳ.①TU241-64

　　中国版本图书馆 CIP 数据核字（2021）第 035756 号

责任编辑：孙梅戈　　　　　　　　　　文字编辑：冯国庆
责任校对：宋　夏　　　　　　　　　　装帧设计：王晓宇

出版发行：化学工业出版社（北京市东城区青年湖南街 13 号　邮政编码 100011）
印　　装：北京瑞禾彩色印刷有限公司
787mm×1092mm　1/16　印张 19½　字数 644 千字　2021 年 6 月北京第 1 版第 1 次印刷

购书咨询：010-64518888　售后服务：010-64518899
网　　址：http://www.cip.com.cn
凡购买本书，如有缺损质量问题，本社销售中心负责调换。

定　　价：158.00 元　　　　　　　　　　　　　　版权所有　违者必究

前言

　　建房子对于大多数人都是一生一次的事，也是人生中十分重要的一件事，所以我希望能让房主也参与其中，让他能体验到建造房子的乐趣。我会邀请房主充分发挥想象力，描述一下自己想要建造一个什么样的房子，以及在里面如何生活。住宅设计有很多可能性，没有"必须这样设计"这种规定，每个设计都应该充分体现自己的个性。

　　作为一名设计师，每一件设计作品都是独一无二的，所以每一次设计都应享受其中的乐趣，但一定不能辜负房主的信赖，个人发挥要适可而止，时刻提醒自己是一个负责、专业的设计师。希望设计师可以和房主认真讨论自己的想法，并怀着激情与自信从容地设计房子。

　　在住宅设计中最重要的是"共同"这个概念。设计师并不是要设计一个自己想要的房子，当然也不能完全按照房主的想法去做，而是要在和房主无数次的对话中慢慢地完成设计过程。从开始设计一座房子到最终落地，一般需要一到两年的时间，在设计过程中不可避免地会遇到和房主意见不合、施工遇到困难等种种情况，希望届时这本书可以起到一定的参考作用。即使不能从中发现一个具体的解决方法，在翻阅本书时，如果能有"嗯，这样解决也不错"这种感慨我也会觉得非常欣慰。又或者，在和房主的讨论中将这本书当作图册来使用，也比凭空讨论更有效一些。

　　如果设计过程中遇到了瓶颈，请一定思考一下设计的意义是什么，下面几个问题将帮助思考：空间的使用是不是这样最合理（有时自己想要设计的东西和房主想要的东西相矛盾）；给房主设计的新的活动方式是不是合适（设计新房要考虑给房主的生活带来一些新的活动方式，但是一定注意不要过度，太过激进可能让房主感到不适）；是否充分考虑了场地要素（周围的生态环境、树木的样子甚至邻居的作息如果也能融入设计之中将是非常好的）。像这样把每一步都认真仔细地考虑之后，再重新回过头来思考设计，应该就能找到问题的解决方法。在确信这是最好的解决方法之后，就自信地做下去吧。

　　"合适的就是美丽的。"一个完美的设计应该由90%的理性思考和10%的设计师与房主的想象力组成。不要小看这10%的发挥的部分，它对于一栋房子来说才是不可或缺的东西。

这本书里的设计作品也都是秉承着这个理念设计出来的。当然这些作品都是当时我和房主两方面意见磨合之后的"独一无二"的产物，如果读者不能理解为什么这样设计，或者认为有更好的解决方法，那也是很正常的。但是关于房子的建造方法、细节材料、构造形式等建筑性能的部分，我自认为很有参考价值，希望读者可以认真阅读。无论什么工作都有一定要遵循的规则，面包师、医生等各种各样的职业也都是如此，建筑设计师则应该思考建筑物的性能。所以书中的这一部分请读者一定认真阅读，因为建筑物的性能直接决定了一个建筑的舒适性。

设计工作之后将是另一个重要的环节：施工。因为建筑并不是艺术品，所以如果缺少工程师以及工人的技术、知识、经验就无法建成。如果你满怀热情地和工人们介绍自己的设计作品，工人们肯定也会回应设计师的热情，情绪饱满地建造和施工，这样落成的建筑才会完整、漂亮（我认为带动现场施工氛围是建筑设计师的工作内容之一）。因为建造施工的每一步对于房主来说都是"一生一次"的，所以设计施工者也应竭尽全力发挥自己的实力，想必在这种环境中所有参与者都将收获颇多。虽然大家常常对我说："如果不是彦根先生，都不知道该怎么办了！"但实际上很多情况都是房主或者施工者在其中起到了不可替代的作用，才最终建成一座好房子。

房子建成之后很多房主都向我反馈说"希望再建一次"。"这就结束了，感觉好可惜"这句话对我来说是莫大的鼓励。完工之后，工人们有时为了炫耀自己的成果而带着家人一起参加"完工庆祝会"，每当这时我都会想，或许对于一个设计师来说，此时就是最幸福的时刻了吧。

在日本有句谚语："房屋不建三，不得如愿屋"。我想肯定是因为第一次建造房子的房主不知道该如何表达自己希望得到一个什么样的房子，这对于设计师来说也是一样的。所以我希望这本书可以在房主与设计师的讨论过程中起到一些辅助的作用，如果不知道该如何表达自己的想法，或许指着本书中的案例说："像这样的"——这样传达自己的想法会比口头传递更有效，不是吗？

最后，衷心地希望各位房主都能建成一座心仪的房子。

彦根安德丽娅

目录

第 3 章
光·色彩·材质

第 4 章
细节设计

第5章
住宅设计基础知识

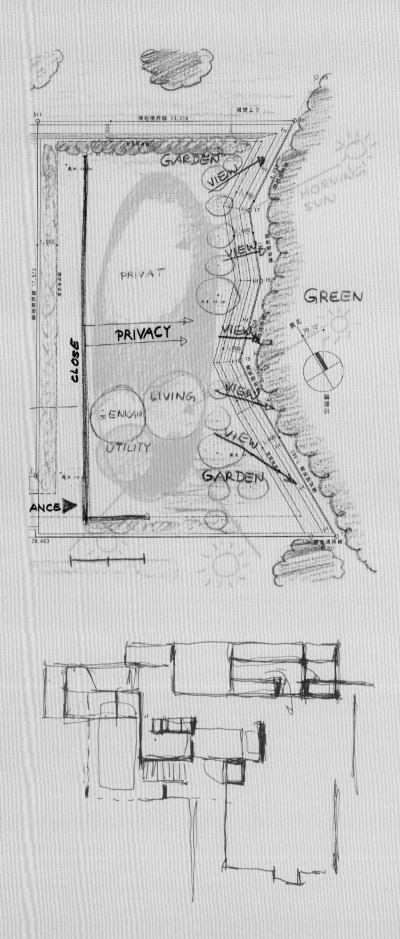

第 1 章
规划设计

　　自己设计的房子，就像自己的孩子一样。所以希望房主也能像爱惜自己的孩子一样爱惜房子，因此我一直坚持让房主参与到设计过程中来，让房主也体验到设计的快乐。

　　其实这也关系到资金的问题，对于那种"反正最后肯定要超预算，所以一开始预算要定得更低"的房主，如何打开他们的心扉，让他们信任设计师并全力支持我们将直接影响到建筑的最终效果。

　　房主与设计师绝大多数情况下都是在接受委托的时候才第一次见面，所以一般互相都不了解。为了逾越这个鸿沟，我一般会要求房主写下自己喜欢的东西，或者自己的要求。即使不是与建筑有关的也可以，服饰穿搭、养花养草之类，零零碎碎也无所谓，因为这些都便于我们去了解房主是一个什么样的人。

　　另外，要提前观察基地，确定其特征。法律规范自不必说，哪个角度有好的景观，哪个地方在设计中可以利用，周边以后会发生什么样的变化等，从多个角度观察基地，往往可以获得很多设计灵感与启发。

　　规划设计中建筑不一定要朝向正南正北，而应适应地形，面向视线通畅的开敞地或有趣的地方。规划不应只考虑住在建筑内的人，或许我们可以把建筑和路上走过的路人关系等都考虑进来，在其中设计一些可以作为建筑特色的、有特点的空间。如果不是拆迁地重建，那么我们就是这个城市的后来加入者，所以我认为我们的设计不应是封闭的，而应重视和城市或邻里的交流与沟通，建筑面向道路一侧应当表现出一定的开放性，表达户主欢迎邻居的态度。和周边邻居的友好关系也是户主之后顺利生活的关键。

　　在掌握了户主大概的性格和基地周边的情况之后，我们就应在最初预算的基础上开始建筑结构的设计。建筑的结构就像人的骨骼结构，如果一个建筑有合理的结构，那么最终落成的建筑也会更合理美观。

　　如果结构是房子的骨架，那么规划设计就是肉体，而最终施工就是给建筑穿上衣服了。规划设计中尽量不要设计死胡同，应设计为可以走通的路线，其中以环形流线为佳。这是因为我希望可以在室内设计多种多样的空间以营造丰富的体验，而环形流线可以为这些空间带来很好的连贯性。明亮的、黑暗的、高的、低的、宽敞的、狭窄的……各种不同风格的空间都应该出现在设计之中。一所好的住宅应该充满趣味，即使一天到晚都待在家里，也可以通过几步走动就获得完全不同的居住体验，这样的空间序列才能让建筑充满活力。决定了空间的组合之后，再根据厨房、卫生间的具体功能特点，考虑房主之后的使用便利将设计慢慢完善。

　　设计施工的最后一小部分，我希望留给房主自己去完成。这不只是一个建筑的落成，更多的是要准备好迎接一个完全崭新的生活方式，所以我认为竣工照片稍微寒酸一点比较好。等房主搬家完成，开始正常生活之后，我们再回来观察这个房子，其中一定有一些部分被房主重新设计或改成了更适合他们的形式，一些空闲空间被房主合理利用起来。我认为只有这个时候拍摄的照片才是真正的竣工照片。

>PLANNING

设计充分考虑室内环境的住宅

在面积有限的基地内做设计时，如何利用现有条件设计出良好的通风、采光、流线及绿化的建筑将成为设计重点。如果利用屋顶作为屋顶绿化，使用楼梯间以及阁楼来满足采光通风要求，将会极大地改善室内环境。

户主家庭构成及愿望
● 母亲和已成年的儿子
● 一楼LDK（房屋的格局，L表示起居室，D表示餐厅，K表示厨房），二楼卧室
● 屋顶绿化（草坪和菜园）
● 停车场一个

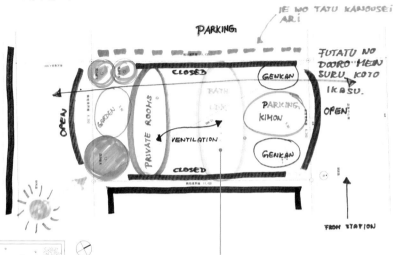

POINT 3：因为前后都是道路，所以利用建筑两侧保证通风。将兼做通风空间的楼梯间设计到房间的正中央，而其他的房间则围绕楼梯间而设，这样就可以自由地调整各房间的采光与通风效果。（如下图所示）

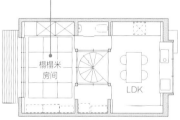

PH层平面图 S=1：200

POINT 1：在家时间最长的母亲的房间和LDK区域位于阳光最充沛、距离屋顶花园最近的位置。

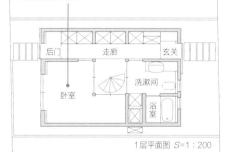

2层平面图 S=1：200

POINT 2：母亲最初希望将一楼用作LDK区域，二楼作为卧室。但最终一楼用作儿子的卧室和厕所，二楼设计为母亲的卧室和LDK区域。这样上下区分明显，即使儿子半夜下班归来也不会影响母亲的正常休息。

1层平面图 S=1：200

显示通风原理的剖面模型，建筑结构采用预制模板拴接，而阁楼的部分则采用木板钢架做法。

阁楼部分的模型。因为四周都是玻璃，所以这个部分采用木质钢架搭建。阁楼将成为各房间的连接器。

■屋顶花园的设计

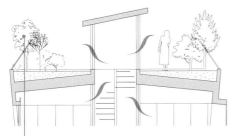

POINT 4：屋顶绿化靠中心的一半作为花园使用，而靠屋檐的一半则种植树木。因为屋顶有斜度，所以各部分土壤深度不同，浅的部分作为花园，而深的部分则种植树木。

1. 厨房的照片。因为厨房操作台嵌入窗框之中，所以感觉空间更宽敞，倾斜的墙壁设计也加深了这种感觉。因为操作台面向窗户，所以料理时可以在自然光下看清周边物体，即使是一个人做饭也能充分体验到其中的乐趣。

2. 上大下小的建筑外观。在保证停车空间后，为了更大限度地扩大二楼面积而最终采用这种船形外观。

3. 阁楼的照片。为了从楼梯间更方便开启而设计了阁楼下部的低窗，低窗使用了遮阳棚的构造（通风用），并且因为靠近地面，所以通风效果也更好，夏季更凉爽。

4. 从二楼榻榻米房间看向楼梯间的照片。将四周的拉门关闭后，楼梯间宛如一个单独的房间。

（照片来源：Nacasa和Partners）

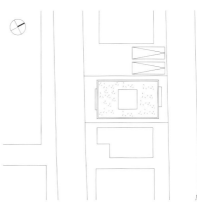
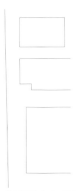

总平面图 *S*=1：500

在住宅密集区创造被绿地与天空包围的房子

在住宅密集区设计一栋具备良好环境要素的住宅。
（照片来源：Nacasa & Partners）

户主家庭构成和愿望
- 一对夫妇和女儿
- 处于住宅密集区但希望通风良好
- 想要绿植
- 一楼大型停车空间
- 抚养小孩的空间
- 男主人的音乐室

1、2. 模型照片。借助模型更方便向户主解释设计概念。

2层平面图 S=1：250

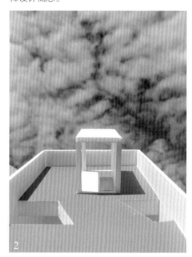

屋顶平面图 S=1：250

POINT 1：和良好通风的屋顶花园连接的垂直绿化。从屋顶顺着垂直绿化缓缓流淌的窗帘状的水幕，在夏天起到了很好的降温作用。

考虑到细长的基地形状，我们拟定了一个外观是这片区域常见的箱形住宅，而内部则呈现日本传统连体式建筑的规划方案。根据户主的要求，一楼设计为停车空间，二楼安排了居住功能，在建筑中我们插入四个小中庭来满足其采光与通风要求。

剖面图 S=1：250

垂直绿化的样子。在墙壁上缓缓流淌的水呈现出一种静谧感。

1. 从起居室看中庭：从阁楼和中庭投来温柔的光。
2. 从儿童房看中庭：木质防火落地窗，此落地窗设有厚12mm的空气夹层，具有良好的隔热性能。
3. 屋顶花园分为绿地与连廊两部分。虽然紧挨邻居的建筑，但顶部采光保证了建筑的采光质量。
（照片来源：Nacasa & Partners）

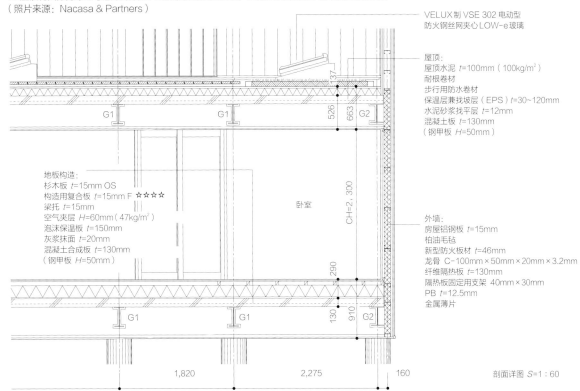

VELUX制 VSE 302 电动型
防火钢丝网夹心LOW-e玻璃

屋顶：
屋顶水泥 t=100mm（100kg/m²）
耐根卷材
步行用防水卷材
保温层兼找坡层（EPS）t=30~120mm
水泥砂浆找平层 t=12mm
混凝土板 t=130mm
（钢甲板 H=50mm）

地板构造：
杉木板 t=15mm OS
构造用复合板 t=15mm F ☆☆☆☆
梁托 t=15mm
空气夹层 t=60mm（47kg/m²）
泡沫保温板 t=150mm
灰浆抹面 t=20mm
混凝土合成板 t=130mm
（钢甲板 H=50mm）

卧室

外墙：
房屋铝钢板 t=15mm
柏油毛毡
新型防火板材 t=46mm
龙骨 C-100mm×50mm×20mm×3.2mm
纤维隔热板 t=130mm
隔热板固定用支架 40mm×30mm
PB t=12.5mm
金属薄片

剖面详图 S=1：60

POINT 2：为了满足此用地的防火要求，外墙采用了新型防火材料。因冬季有冷风而夏季有城市热效应，所以必须提高建筑围护结构的隔热效果，因此在外墙结构中加入了绝热纤维板。为了同样的目的在开窗处采用双层LOW-e玻璃，而天窗附近的屋顶灯则采用氪气灯。屋顶绿化是户主要求建造的，从建筑性能角度来说起到一定程度的隔热作用。因为一层是开敞空间，所以不能疏忽二楼地板的隔热设计。最终我们设计了满足以上所有要求的结合当地特色的节能住宅。

建造一个环境友好的家

户主家庭构成与愿望
- 夫妇和儿子
- 要注重通风采光设计（户主是飞行员，非常注重家庭通风设计，另外东京常年刮东西向季风）
- 节能设备（采用太阳能发电设备，蓄热暖房）
- 采用自然材料
- 想要很多收藏品摆放空间

户主选址在东京市内一片安静的住宅街区，这个基地常年刮东西向季风。如何利用这个自然环境要素就成了设计的要点。

建筑外观照片。南向大开敞，因此采用百叶窗满足通风要求，同时起到隔离视线的作用。百叶窗成为建筑外观的重要构成元素。（照片来源：Nacasa & Partners）

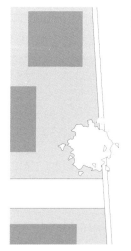

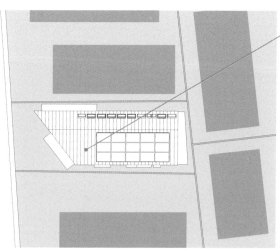

基地位于居住密集区，但拥有良好的东西方向通风。北侧设计天窗采光。

①

总平面图 $S=1:200$

■使用的自然材料

纤维素纤维：利用废报纸做隔热材料，既满足吸湿要求，同时可以很好地填充进墙体，使外墙平整密实，防止墙体内部结露。

梧桐树：经常用作壁柜设计的梧桐木材，因为内部结构疏松，既轻便又较为亲肤，我们将梧桐木材用作地板材料，壁柜和天花板也都使用梧桐木材。梧桐树生长周期较短，大概15～20年就能成材。因含有大量单宁（天然防腐剂），所以在潮气较为严重的日本建筑内使用可以起到防止长青苔及细菌的作用。梧桐木材稳定性较好，可长期使用。

杉木：杉木材笔直，并且柔软易加工，所以用途很广，从室内装修到结构构造都有所使用。在杉木种植广泛的日本这种木材也是建筑材料中较为廉价的一种材料。

涂料：采用对身体无害的自然物质提取的涂料。其中主要成分的亚麻油相对比较安全，也不会释放有毒物质，同时可以提高木材防湿性能。

墙体材料（贝壳粉墙）：使用废弃贝类研磨制成的涂料。具有吸湿、去除异味的作用。可以中和空气中的有毒物质，比如家具涂料中释放的甲醛、VOC（挥发性有机化合物）等有害气体。同时可以防止室内生长菌斑，和梧桐木材共用可以维持良好的室内环境。

曾是飞行员的户主在委托时说，不在乎住宅面积有多少，更在意住宅性能以及能否做到节能。

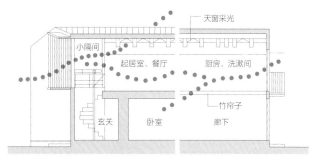

剖面图 S=1：200

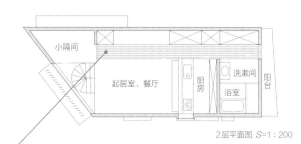

2层平面图 S=1：200

POINT 1：在一楼南侧设计一个单独的小空间，在北侧设计户主要求的收藏室。为了满足室内通风要求，二楼地板设计为格栅状，使室内风可以一直上升到顶部采光部分。（参照第8页）

1层平面图 S=1：200

POINT 2：剖面的设计考虑到通风问题，将2层走廊的地面设置为锯齿状，设计成让风从1层南侧的窗户进入，一直到2层的天窗上穿过。另外，天窗因为设置在北侧，所以没有夏季过热的问题。

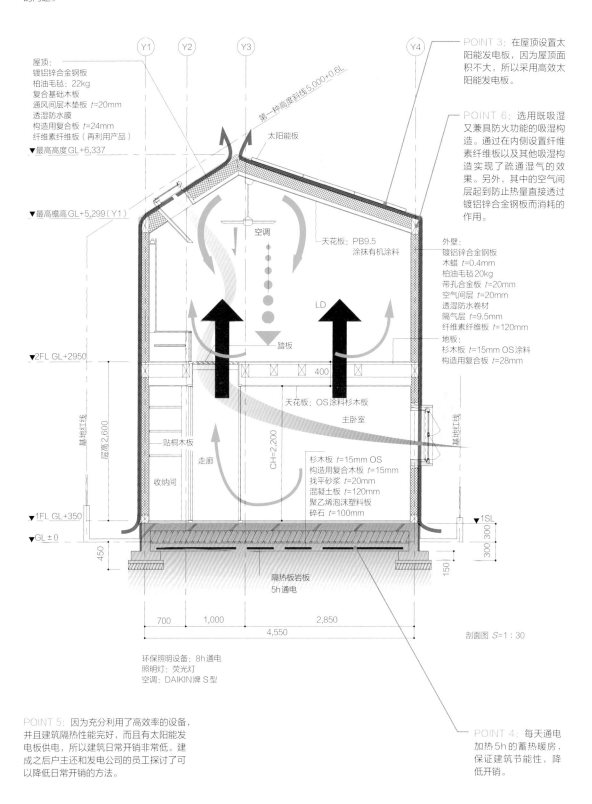

POINT 3：在屋顶设置太阳能发电板，因为屋顶面积不大，所以采用高效太阳能发电板。

POINT 6：选用既吸湿又兼具防火功能的吸湿构造。通过在内侧设置纤维素纤维板以及其他吸湿构造实现了疏通湿气的效果。另外，其中的空气间层起到防止热量直接透过镀铝锌合金钢板而消耗的作用。

屋顶：
镀铝锌合金钢板
柏油毛毡：22kg
复合基础木板
通风间层木垫板 t=20mm
透湿防水膜
构造用复合板 t=24mm
纤维素纤维板（再利用产品）

▼最高高度GL+6,337

第一种高度斜线 5,000+0.6L

太阳能板

▼最高檐高 GL+5,299（Y1）

空调

天花板：PB9.5
涂抹有机涂料

外壁：
镀铝锌合金钢板
木蜡 t=0.4mm
柏油毛毡20kg
带孔合金板 t=20mm
空气间层 t=20mm
透湿防水卷材
隔气层 t=9.5mm
纤维素纤维板 t=120mm

地板：
杉木板 t=15mm OS涂料
构造用复合板 t=28mm

LD

踏板

▼2FL GL+2950

400

天花板：OS涂料杉木板

主卧室

贴桐木板

走廊

CH=2.200

杉木板 t=15mm OS
构造用复合木板 t=15mm
找平砂浆 t=20mm
混凝土板 t=120mm
聚乙烯泡沫塑料板
碎石 t=100mm

收纳间

基地红工线

层高 2,600

基地红工线

▼1FL GL+350

▼GL±0

▼1SL

450

隔热板岩板
5h通电

150

300 300

700   1,000   2,850

4,550

剖面图 S=1：30

环保照明设备：8h通电
照明灯：荧光灯
空调：DAIKIN牌S型

POINT 5：因为充分利用了高效率的设备，并且建筑隔热性能完好，而且有太阳能发电板供电，所以建筑日常开销非常低。建成之后户主还和发电公司的员工探讨了可以降低日常开销的方法。

POINT 4：每天通电加热5h的蓄热暖房，保证建筑节能性，降低开销。

自然风从格栅状地板通向天窗。
（照片来源：Nacasa & Partners）

POINT 7：虽然想南向开窗，但如果开窗过大就会出现视线上和室内过热的问题。所以我们设计了外挂百叶窗，避免了视线和室内过热问题。设计上为了缓和彩钢板给人很坚硬的感觉，我们加入了木材自然的纹理。

穿过房间到走廊，再通过格栅状地板到达二层空间。

百叶窗分为三部分，通过改变它们的方向可以控制入光量。通过空调以及电风扇（可控制顺逆时针旋转）控制室内环境。

兼顾景观与构造

1. 原本基地的样子，私有道路前方就是计划用地。设计时将谨慎地应对因私有道路倾斜而导致的仰视建筑的问题。
2. 除客厅外的开窗都面向和海形成对比的布满绿植的山崖。
3. 从基地看海的视角，和建筑师商量之后，购买了自己喜爱的基地。

计划用地是南房总市（位于日本千叶县南部）的旧建筑用地，建筑建在西北临悬崖、向南可以瞭望大海的地方。为了从客厅可以看到大海，在起居室建造了兼有挡土墙功能的楼梯，其他空间如卫生间、玄关等也相应配置其中。

■设计概念图

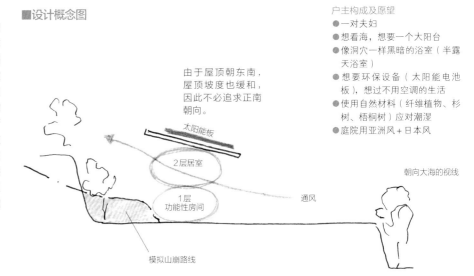

由于屋顶朝东南，屋顶坡度也缓和，因此不必追求正南朝向。

太阳能板

2层居室

1层功能性房间

通风

朝向大海的视线

模拟山崩路线

户主构成及愿望
● 一对夫妇
● 想看海，想要一个大阳台
● 像洞穴一样黑暗的浴室（半露天浴室）
● 想要环保设备（太阳能电池板），想过不用空调的生活
● 使用自然材料（纤维植物、杉树、梧桐树）应对潮湿
● 庭院用亚洲风＋日本风

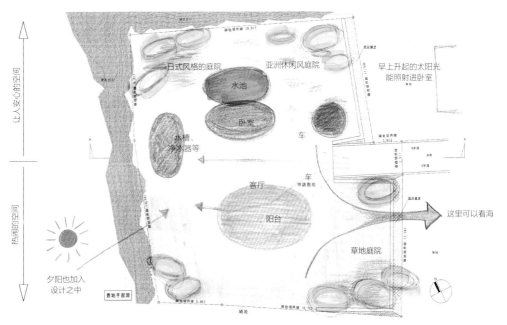

让人安心的空间

热闹的空间

日式风格的庭院

亚洲休闲风庭院

早上升起的太阳光能照射进卧室

水池

卧室

车

水槽、净水器等

客厅

阳台

车

这里可以看海

草地庭院

夕阳也加入设计之中

敷地平面图

POINT 3：因为一直延伸到绿地而没有堵死停车库的前方，所以汽车可回转倒车，更容易出入车库。

2层平面图 S=1：300

1层平面图 S=1：300

POINT 2：因处于台风多发地，设计屋檐时考虑了上升气流。为了引导视线到大海而设计了南向大屋顶，太阳能电池板可以很好地安装到这个大屋顶上。

POINT 1：屋顶使用变形的梁做承重构架，创造出切割大海一样的挑檐空间。由此达到像照片边框一样框景入窗的效果。

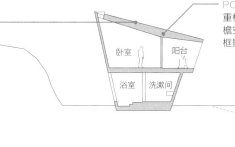

剖面图 S=1：300

施工照片。在一层的钢筋混凝土结构上建造木结构。金属构件连接。

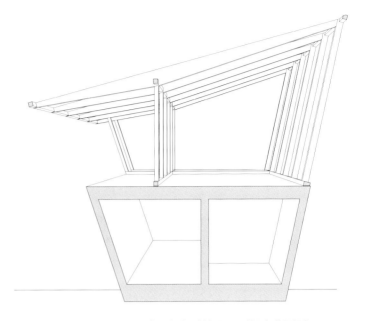

POINT 4：为了应对悬崖地形，1层使用钢筋混凝土，没有在1层设计起居室（虽无明确要求，但考虑安全因素）。2层设计了形式伸展的挑檐木造建筑。

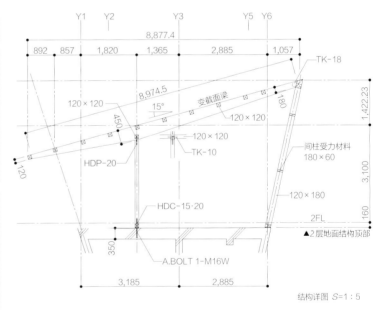

结构详图 *S*=1∶5

1、2. 施工照片。使用大截面梁创造没有柱子的大空间。
3. 因为只用一整根梁承重，内外天花板可连成整体。
4. 屋檐不用柱子承重，因此不遮挡观海视线。
5. 因墙壁挑出，所以需在场地上搭建支架施工，要注意建筑占地不要过满。
6. 墙身混凝土凝固之后的状态。

建筑外观
（摄影：平井広行）

从客厅看海。面向大海大
面积伸出的阳台和上方的
挑檐完美地框住了大海的
景色。
（摄影：村田昇）

北斜面的木构建筑

北斜面对着旧建筑用地的挡土墙，基地地基接近于一个台阶的形状，这个困难的设计条件产生了特殊的建筑空间。

南侧挡土墙的照片。

从北斜面的房子眺望。

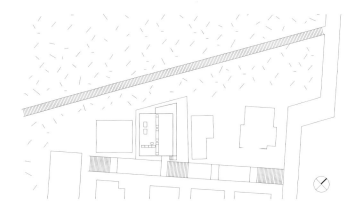

户主构成及愿望
● 夫妇二人及两个小孩
● 有一个患有哮喘病的孩子，因此需要使用自然材料
● 应对地震、灾害的全自动化住宅（遇灾时快速修复能力、因雨量很大要考虑遇灾时利于排水）
● 想要烧柴火炉（遇灾时也有一定处）
● 想使用再利用材料（贝壳、纤维植物、废纸等）

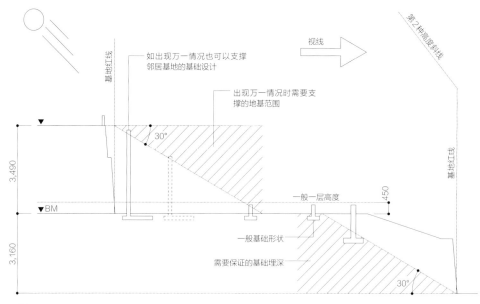

场地剖面图 S=1：150

POINT 1：在休止角和基础的设计讨论中生成建筑造型。

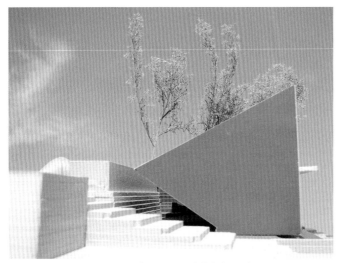

北斜面基地位于高尾山山脚，在一片被绿植环绕的安静区域。基地前是一段长达30m的台阶。因不通车，搬运和搭建材料无法使用重型机械，只好人工搬运，手工搭建。

建筑轮廓设计回避了因南侧挡土墙意外倒塌从而压坏建筑物的情况。由此产生的巨大屋檐下空间填充了回填土，大量减少了搬运的劳力。以这个巨大屋檐作为建筑设计的基点，设计了内部是跃层空间的三角形建筑。

这一次我们以如何利用建筑形状及设备使日照、自然风、光影、雨等元素起到提升室内环境及室内效果为设计的主题。

外观模型，因为基础部分要避开挡土墙，所以建筑变成了三角形。

剖面模型，通过跃层设计有效利用三角形空间。

2层平面图 S=1：300

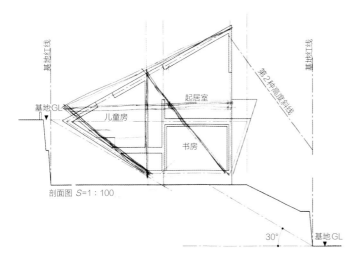

剖面图 S=1：100

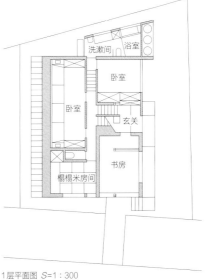

1层平面图 S=1：300

POINT 2：因采用了三角形桁架结构，在室内看到的都是斜向的支撑材料，但户主评价说"因为可以直接看到建筑是如何支撑起来的，所以很安心。"

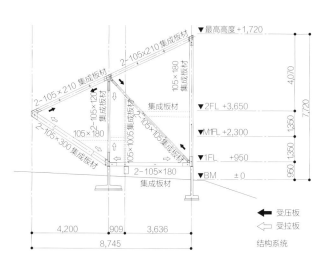

根据建筑物的特殊形状设计的金属板及连接结构将柱梁板连接在一起。（左侧两张照片）

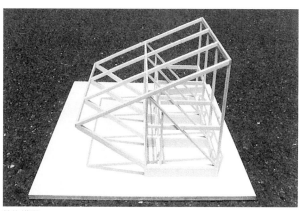

结构模型。

因为需要人工运输材料，所以施工周期相应变长。

从建筑前方的道路看施工时的建筑。

施工时的儿童房照片。用20cm×40cm的木柱支撑斜墙，增加结构刚性。

斜向钢材贯穿房间形成三角构造体系

　　这个住宅设计利用了工程学木构设计。工程学木构设计是指根据力学计算方法使用工程木板设计的木质构造建筑，并不是所有使用工程木板的建筑都能称作工程学木构设计建筑。

　　这个建筑的设计，不像其他建筑只需要将一部分设计为倾斜的结构，而是将4.2m高的建筑整体设计成倾斜的，为了适应这个形体需要一个简单有效的结构设计方法。由此提出贯穿房间的三角构造体系（如上图模型）。在这个结构体系中，连接处使用了平钢，在其上使用两根集成钢材成桁架结构。接口设计为简单的焊接及榫卯结构，集成材料也使用市面流通的一般材料，只需要在接口挖开榫卯就可连接。最终由这个大胆的结构体系完成了这个特别形体的结构设计，并有效控制了经费开支。（山崎亨）

建成后，从台阶向下看的照片。（照片来源：Nacasa & Partners）

从二楼的客厅、厨房、餐厅的空间看向北面与南面，北侧采光使光线从背后射入，因此风景看起来更美丽、协调。
（照片来源：Nacasa & Partners）

积雪地上的规划

积雪地上做设计需要尽可能减少建筑连接处的数量，这样可以将积雪对建筑体的影响降到最低。

在北方做设计时因为积雪非常多，所以尽可能不使用外挂雨水管，为了使积雪容易掉落，采用了倾斜的屋顶设计。建筑的大屋顶及暴露的柱梁结构使室内不用刻意留出通风通道也可以创造出十足的大空间感。这个屋顶的造价比墙的造价还要便宜。因为相对建筑体部分，屋顶部分不需要和基地直接做连接，所以也易于做保暖与防水处理。

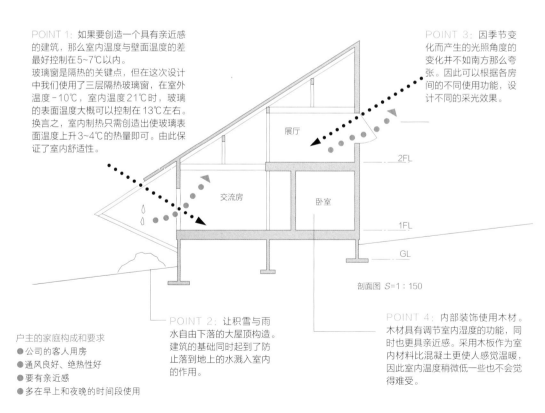

POINT 1：如果要创造一个具有亲近感的建筑，那么室内温度与壁面温度的差最好控制在5~7℃以内。
玻璃窗是隔热的关键点，但在这次设计中我们使用了三层隔热玻璃窗，在室外温度–10℃，室内温度21℃时，玻璃的表面温度大概可以控制在13℃左右。换言之，室内制热只需创造出使玻璃表面温度上升3~4℃的热量即可。由此保证了室内舒适性。

POINT 3：因季节变化而产生的光照角度的变化并不如南方那么夸张。因此可以根据各房间的不同使用功能，设计不同的采光效果。

展厅

交流房 卧室

2FL

1FL

GL

剖面图 S=1：150

户主的家庭构成和要求
● 公司的客人用房
● 通风良好、绝热性好
● 要有亲近感
● 多在早上和夜晚的时间段使用

POINT 2：让积雪与雨水自由下落的大屋顶构造。建筑的基础同时起到了防止落到地上的水溅入室内的作用。

POINT 4：内部装饰使用木材。木材具有调节室内湿度的功能，同时也更具亲近感。采用木板作为室内材料比混凝土更使人感觉温暖，因此室内温度稍微低一些也不会觉得难受。

户主的家庭构成与愿望
● 两代同居，儿子与年迈的母亲
● 建筑尽量占满基地
● 希望拥有一座有跃层的房子

POINT：为了防止前方的空地上将来
会建造的邻居住宅影响建筑的采光通风，
窗户的位置做了相应的调整。

A剖面图 S=1：300

基地在东京南部。将来在旗状的基地附近会陆陆续续建造新的房子，所以建筑的采光设计充分考虑了这个要素，成为设计的一大重点。

此基地法规较为繁复，因此在被斜向切割的基地上设计了体型非常饱满的拥有北向屋顶的简单方盒子体块。

我们充分利用基地1.5m的高差，在室内设计了变化丰富的跃层空间，与简单朴素的建筑外观形成鲜明对比。

B剖面图 S=1：300

这个建筑的设计特色集中在南北方向的四个剖面上。

西南侧的剖面A：为了使建筑不会因周围后建的房子造成的遮挡问题，我们设计了大面积的开窗和净高很高的房间，充分引入自然光照，并保证室内通风质量。

剖面B：借助儿童房串联了主卧室与浴室部分，在北向倾斜的屋顶下设计了家庭互动空间。南北通畅的最上层空间引入大量的自然光与风，所以这里十分舒适明亮。和下方的母亲卧室虽然做了分隔但空间相连，所以在母亲卧室会有丰富的光影效果。

C剖面图 S=1：300

位于东面的剖面C：在此方向设计了储物间。

剖面D：连接所有空间的楼梯间，也是整个建筑中最重要的部分。楼梯间灵活、合理地区分并连接从下到上的所有空间。

D剖面图 S=1：300

（18、19页照片来源：Nacasa & Partners）

因为受制于悬崖边这个苛刻的基地条件，所以在设计中我们采用了制造室内高差的处理手法，使室内空间既通透又宽敞，没有突兀感。

从客厅的书房部分看向厨房。

从儿童房看向书房。

下图两张：母亲卧室的室内高差设计。

在建筑物内部设计高差
使室内产生空间变化

这个建筑基地位于山坡上遍布许多小寺庙的北镰仓的深山之中。基地东南侧有一个旗状临崖空地。虽然在一开始户主担心会遇到采光困难的问题，但后来看到空地后灵光一现，决定建造一个既满足隐私要求又向绿植大面积开敞的房子，由此保证室内的采光质量。

我们在面向有游客通行的热闹小径的建筑正立面设计了白色的墙面，用于分隔室内的安静生活环境与室外嘈杂的环境。而在面向悬崖的建筑背面设计了大面积的落地窗，使建筑面向大自然完全开敞。又在室内设计了几段高差用于丰富室内空间，使之产生变化，所以最后营造出形似镰仓山的具有丰富高差变化的室内效果。

户主家庭构成与愿望
● 夫妇和孩子
● 保证隐私
● 想要一个安静的学习空间
● 希望房子整体很敞亮，引入大量绿色元素
● 家里面的流线不要设计得过于复杂

■根据户主愿望设计的功能泡泡图

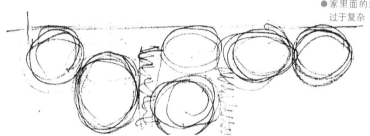

■功能分区

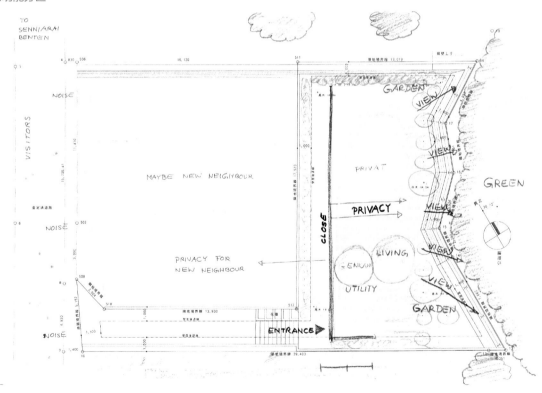

面向道路的建筑西侧建造围墙来保证室内隐私，面向悬崖侧则完全开敞，设计出对自然完全开放的空间。

■立面设计

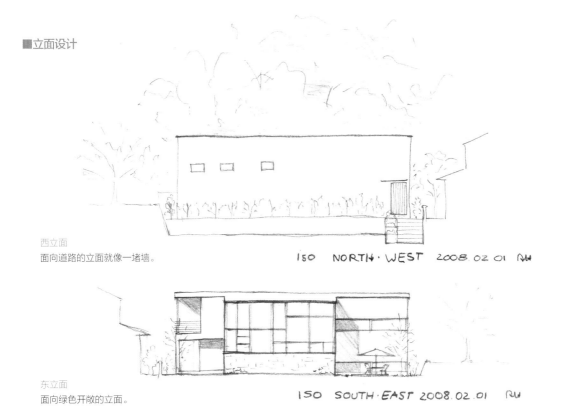

西立面
面向道路的立面就像一堵墙。

150 NORTH·WEST 2008.02.01 RW

东立面
面向绿色开敞的立面。

150 SOUTH·EAST 2008.02.01 RW

1. 从院子看向落地窗的照片。因为有高差，所以室内位于桌子之上的窗户在室外看起来就像落地窗一样。
2. 从入口小道看向阳台的照片。走过门廊建筑突然变为以玻璃为主的开敞风格，绿色蔓延，豁然开朗。
（照片来源：Nacasa & Partners）

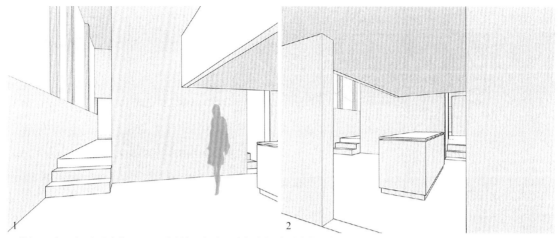

1. 从餐厅看起居室。起居室的屋顶尽量往高处设计，但厨房部分我们把高度控制在2.1m，避免空间的浪费。
2. 从比厨房低一截的书房看向厨房，可以明显地感受到高度的变化。

■地板高差的剖面图

1FL-3起居室地板~1FL-2餐厅、厨房地板：三段高差（630mm）
1FL-3起居室地板~2FL-1卧室地板：十段高差（2100mm）

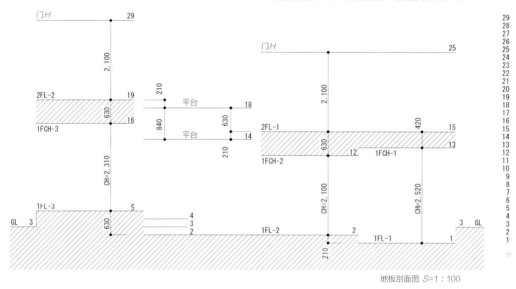

地板剖面图 S=1：100

※数字1~29代表以210mm
为基本的模数制模数。

POINT：使用统一的模数制设计高差，即使高差各不同，也会有一定的关联性，继而呈现出室内的整体协调性。

高差设计使建筑每一个角落都可以根据时间的不同感受到光影的变化，进而增加房建筑趣味性。以台阶高度（210mm）为模数做设计时一定要注意，门窗洞口、地板高差以及房间净高差不能只考虑模数，还要注意当地的法律法规是怎么规定的。

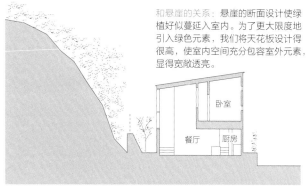

和悬崖的关系：悬崖的断面设计使绿植好似蔓延入室内。为了更大限度地引入绿色元素，我们将天花板设计得很高，使室内空间充分包容室外元素，显得宽敞透亮。

B剖面图 S=1∶300

A剖面图 S=1∶300

剖面设计：通过改变室内高差与屋顶高差，设计出多种多样的空间序列。

2层平面图 S=1∶300

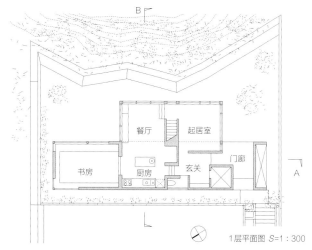

1层平面图 S=1∶300

没有死路的环形路线设计，设计出好似走在山路上一样的感觉。

1. 从餐厅看向南向落地窗。在这里坐下可以感受云彩在头顶上飘过，鸟儿在耳边欢唱的乐趣，上部设计的窗户也增加了这种自然的室内效果。

2. 一楼的家庭学习空间。在学习空间中我们设计了低窗，和起居室的落地窗形成强烈的对比，窗外的景色只可透过下方被看到，由此创造出一种适合学习的、使心情平静下来的空间。

3. 从二楼的主卧室看走廊。虽然也开窗引入了室外元素，但明显和其他几个房间的室内体验有所不同。（照片来源：Nacasa & Partners）

创造具有跃动感的建筑

在高楼林立的品川的居住密集地里，我们建造了这栋三层的小型木造住宅。

基地东西长，南北短，占地面积 56.27m²。南北两向都被三层的城市住宅所包围，有狭窄通道的东侧和西侧则林立着一片十层商业住宅。

基地周围遍布的都是沥青公路和混凝土住宅，一开始我们非常担心此地建成的住宅会有很严重的通风和夏季炎热问题。但就在我们手足无措、徘徊在场地之时，我抬头看见了这片蔚蓝的天空，脑海中顿时浮现出一个灵感，于是设计了这个就像荡秋千一样不断接近天空的、层层升高的小住宅。

各层的地板我们都用日本秋千常用的杉木板作为材料，而在楼梯上则设计了吊绳，使它看上去像是绳索吊起的秋千一样。为了满足在城市居民区的最基本的通风采光需求，我们采用了较为简单朴素的建筑立面形式。在室内为了呈现出跃动感，我们设计了每层都有高差变化的丰富空间。

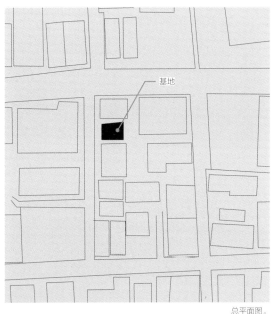

总平面图。

户主家庭构成及愿望
● 夫妇和两个孩子
● 想要有效利用狭小基地（尽量显得宽敞）
● 能一览无余的、最好能两人同时料理的厨房

3层平面图 S=1：200

2层平面图 S=1：200

1层平面图 S=1：200

平铺镀锌合金钢板的外观。因为正立面面宽较小，所以采用较平整的立面设计，尽量消除这种狭窄感。（照片来源：Nacasa & Partners）

POINT 1：一般规划三层住宅时，要求在天花板上张贴防火板以达到防火的目的。但在本次设计中我们通过在地基加入防火板满足了这个规范，柱子也同理（不燃材料＋墙下防火材料）。由此创造出了这个自然和谐的三层木构建筑。

剖面图 S=1 : 150

起居室		阳台
儿童房	餐厅	厨房
卧室	楼梯间	洗漱间

POINT 2：在二层的儿童房和厨房中间我们设计了通风良好的、架高地板的餐厅，这个餐厅成为连接各房间的中心。

POINT 3：在最上层设计了带有天窗的起居室，仿佛将天空直接引入室内。在这里来回穿梭，有时会感觉像要飞上天一样。（照片来源：Nacasa & Partners）

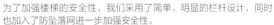

为了加强楼梯的安全性，我们采用了简单、明显的栏杆设计，同时也加入了防坠落网进一步加强安全性。

POINT 4：隔层设计都遵循"秋千"的设计理念，天花板和地板同样采用杉木板铺设，使上下表面看起来非常协调。
（照片来源：Nacasa & Partners）

平屋顶别馆设计

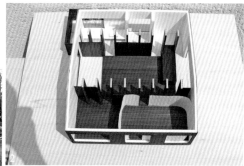

CG：山下健太郎

1. 施工照片。
2. 模型照片。可以看出建筑是由扁平柱子分割的连续的一体式空间。
3. 从外面看向有阳台的起居室和厨房的照片。右侧能看见的就是翻修的旧馆。
4. 厨房部分的CG效果图。厨房背后设有直接通向院子的小道。

POINT 1：同时兼有收纳功能的扁平柱子（120mm×600mm）使室内空间拥有很强的方向性。

平面图 S=1：250

玄关

浴室

洗漱室

卧室

餐厅、起居室

家务房

厨房

因为附近的河流扩建工程，祖孙三代决定在同一个基地内建造不同的房子共同生活。爷爷和奶奶住进了翻修一新的旧馆里，而本次设计是为了在同一个院子生活、想要另建别馆的年轻孙辈夫妇。

设计要求尽量不要太过张扬，避免显得对爷爷和奶奶的不尊重，同时为了与爷爷和奶奶的旧馆保持一致风格，使用瓦片屋顶木质构造建造。但这对年轻夫妇又希望将"现代风格"的设计元素加入设计中来。为了满足年轻夫妇的要求，我们没有将房子设计成一间一间的小房间，而是将所有房间环绕设置，形成了一个环形连续空间。在面向庭院的入口玄关空间我们设计了日本古代的三合土素地面，以此来表达对传统的尊重。

户主家庭构成及愿望
● 二十多岁的年轻夫妇
● 素朴黑白色系为主的房子
● 希望是一个统一的空间（不想要很多小房间）

因为地板很难找平，所以我们采用了特殊的柱脚连接器。

施工时的扁平柱子照片。

POINT 2：外墙部分使用落叶松作为建造材料，涂上了黑色油漆的落叶松既保留了木头的纹理，又避免了喧宾夺主，减弱了张扬感。

POINT 3：在设计中没有使用合成木板，而多采用集成木板和复合木板建造。这是为了兼顾建筑的使用年限与最大限度地保留木材的质感。我们努力设计出与爷爷和奶奶的旧馆和谐一致但又稍微带有"现代感"的建筑。

POINT 4：隔断不延伸到天花板而保留一定间隔，希望可以使相邻空间之间相互渗透，从而体现空间的统一感。

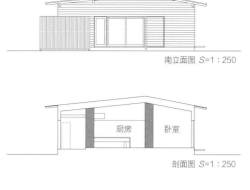

南立面图 S=1：250

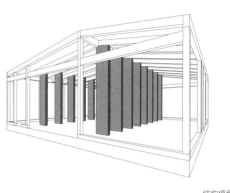

剖面图 S=1：250

结构模型

从玄关看向起居室和餐厅。再深处是厨房，厨房后面也有小路可以直接通向院子。

自由的大空间

这栋建筑被限制在60㎡的狭小基地内。户主希望住宅可以有一面漂亮的曲面墙体，并且在一楼设置一个车库。我们根据户主的要求及基地的情况在一楼设计了厨卫及车库、储物间，二楼设计了餐厅、起居室、卧室。因为户主是一对年轻夫妇，所以将二楼空间设计成在一个艺术感十足的曲面构架下的整体大空间，在这个大空间内我们设置了高差变化用以区分各功能空间。另外，我们的结构设计师稻山正弘先生设计的由短木板拼接而成的"剪刀桁架"木结构曲面墙成为建筑物的一大标志。

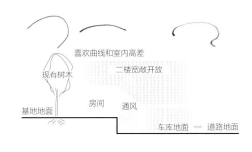

现有树木　喜欢曲线和室内高差
二楼宽敞开放
基地地面　房间　通风
车库地面 → 道路地面

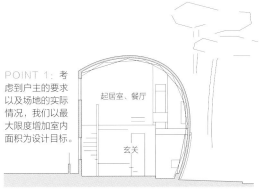

POINT 1：考虑到户主的要求以及场地的实际情况，我们以最大限度增加室内面积为设计目标。

起居室、餐厅
玄关

剖面图 S=1：200

POINT 2：二楼是一个整体大空间，由地板高差区分厨房、餐厅、起居室及卧室。同时也预留了儿童房的位置，为增添新成员做准备。

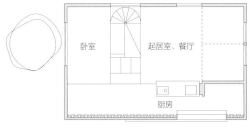

卧室　起居室、餐厅
厨房

2层平面图 S=1：200

阳台　洗漱间　储藏室　车库
玄关

1层平面图 S=1：200

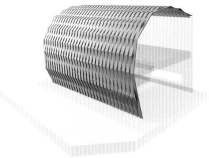

（摄影：平井広行）

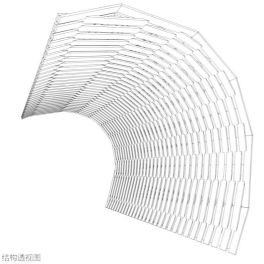

结构透视图

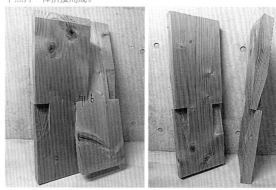

构成剪刀桁架结构的1：1单元模型。建筑的曲面结构由这些组件像左下照片一样拼接而成。

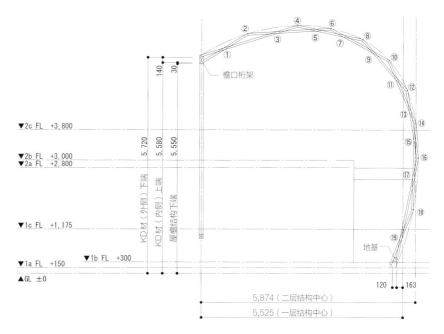

檐口桁架

▼2c FL +3,800
▼2b FL +3,000
▼2a FL +2,800

▼1c FL +1,175

▼1a FL +150　▼1b FL +300

▲GL ±0

5,720
5,580
5,550

KD材（外侧）下端
KD材（内侧）上端
屋檐结构下端

地基

140
30

120　163

5,874（二层结构中心）
5,525（一层结构中心）

施工现场照片。建筑地基也随结构做出调整，形成一定倾角。

想用木材料建造曲面构架时，一般我们会想到使用弯曲用集成木板。但是弯曲用集成木板造价高昂，不适宜用作小型住宅的建造材料。因此本设计中我们采用普通木板上下X形插接的方式，将一个个小短木板以"剪刀桁架"的形式组成一个完整的曲面结构体，来满足户主对曲面形式的追求。纵深方向看去，结构体就像一个编织的竹篮一样，在这个竹篮的每一个弯折部位我们都加了钢螺栓以加固结构，因此结构体本身稳定性很强，拥有很高的强度。

稲山正弘

POINT 3：因为建筑的曲面墙是从地基到屋顶的一个整体的结构体，所以如何同时满足当地的外墙防火规范和屋顶防火规范就成了我们选用建造材料的主要问题。另外我们采用了含有光催化剂的保护膜作为这个结构体的防污染对策。

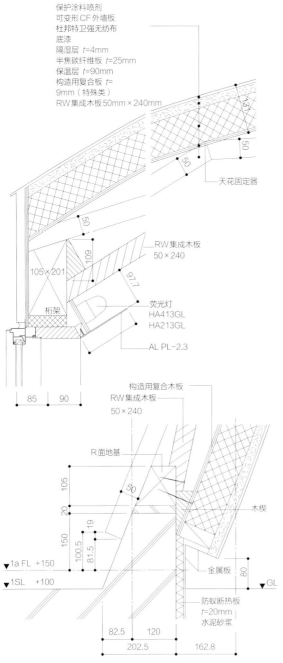

保护涂料喷剂
可变形 CF 外墙板
杜邦特卫强无纺布
底漆
隔湿层 *t*=4mm
半焦碳纤维板 *t*=25mm
保温层 *t*=90mm
构造用复合板 *t*=9mm（特殊类）
RW 集成木板 50mm×240mm

天花固定器

RW 集成木板 50×240

105×201

桁架

荧光灯 HA413GL HA213GL

AL PL-2.3

85   90

构造用复合木板
RW 集成木板 50×240

R 面地基

木楔

105
50
20
19
150
100.5
81.5

1a FL +150
1SL +100

金属板

GL

防蚁断热板 *t*=20mm
水泥砂浆

82.5   120
202.5   162.8

1. 施工现场照片。正在搭建 50mm×240mm×1800mm 的木板。
2. 具有流动感的木板拼接效果。建造时我们采用很多支撑柱，施工完成后全部拆除。
3. 从厨房看去的施工完成照片。
4. 建筑施工时的室外照片，从基地旁边的道路拍摄。

从卧室看向楼下的客厅和厨房，以楼梯作为建筑中心组织高差不同的空间。

建造日式传统风格的住宅

这次的设计位于一个面向绿色植被，同时又和私人道路连接的小型基地内。基地附近遍布拥有深茶色表面的具有年代感的民房，我们想要将新房子融进这个氛围之中，使其相互协调，因此提出了使用黑色镀铝锌合金钢板作为外墙材料的设计方案。建筑立面的高宽比例和外墙的镀铝锌合金材质保证了建筑和周围环境的协调统一。

CG：山下健太郎

1. 拆除前旧房照片。
2. 模型照片。采用藏青色的镀铝锌合金钢板建造的立面效果。
3. 设计时的效果图。作为支撑结构的书柜和通透的大空间成为设计特色。
（照片来源：Nacasa & Partners）

户主家庭构成及愿望
- 年轻的设计行业夫妇
- 想要一个日式传统风格的住宅
- 有很多与众不同的小物品想要展示出来
- 想在艺术品包围下生活
- 想要一个红色的浴室

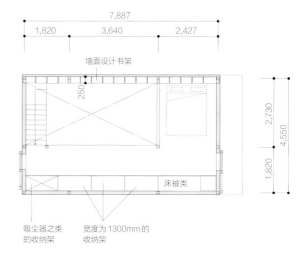

2层平面图 S=1：150

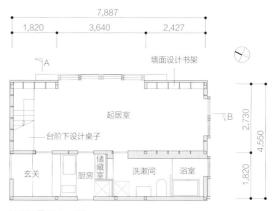

1层平面图 S=1：150

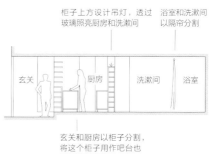

1层剖面图 S=1：150

CG：山下健太郎

CG：山下健太郎

设计效果图。向户主提出了现代风黑白构成的方案（左）和宽敞干净的白色风格方案（右）。户主最终选择了左边的方案。

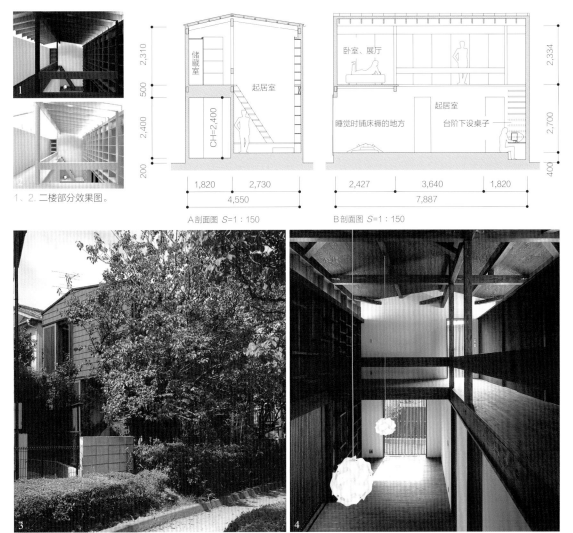

1、2. 二楼部分效果图。

储藏室

起居室

CH=2,400

2,310

500

2,400

200

1,820 | 2,730
4,550

A剖面图 *S*=1 : 150

卧室、展厅

起居室

睡觉时铺床褥的地方

台阶下设桌子

2,334

2,700

400

2,427 | 3,640 | 1,820
7,887

B剖面图 *S*=1 : 150

3. 建筑旁边有一棵枝繁叶茂的梅子树。建筑设计也考虑了和周围绿植的协调性。
4. 从楼梯看向中央大空间。通过强调天花梁的体量感，营造出一种日式传统住宅的氛围。
（照片来源：Nacasa & Partners）

第 2 章
室内设计
玄关

　　有很多人觉得在玄关处换鞋是日本人特有的习惯，然而欧洲很多地方也有在玄关处换鞋、挂衣服、挂帽子的习惯。区别在于，日本的玄关一般都设有一个台阶。我猜测可能是因为日本地处潮湿气候区，所以想要加高一层地面，因此形成了从玄关上一步台阶进入室内的习惯。虽然因为这多出的一层台阶让我们在设计中要考虑高度是否安全及其过渡的舒适性等问题，但日本玄关的用处本质上和欧洲没有多大区别。玄关是客人进屋的第一个空间，因此玄关就成为这个建筑带给客人的第一印象，有时甚至可以显示出主人的性格情调。从玄关的设计可以看出主人对于外面的"公共"部分和内部的"私密"部分的看法，反映出主人平时的生活方式，所以玄关绝不只是一个换鞋的地方。

　　我希望玄关可以设计得尽量开放些，日本传统住宅的宽阔庭院可以作为连接内外的完美过渡空间，这里既是进出入口，也是一些家庭重活的工作区，同时兼作储存室。通过赋予不同功能可以使这个宽阔的场地表现出不同的特色。比如说，如果放置展品，那玄关就可以成为一个很好的展示区，或者如果房主很爱

-1.2

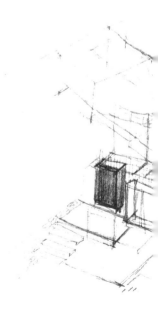

车，这里也可以改造成放置汽车或存放修车、洗车用具的地方，因此在设计中我一般都会考虑玄关和车库的位置关系。即使不得不设计一个狭小的玄关，我也会将室内微微透过来的光引到这里，将这里营造出温柔迷人的效果。

通过架空鞋柜使玄关显得更宽阔，减小柜子高度来增加玄关体量感等，不同的手法可以营造出完全不同的空间感受。我希望玄关可以在满足放置雨鞋、杂物的基本功能之外，通过设计师的精巧设计变成一个有趣的温馨的空间。

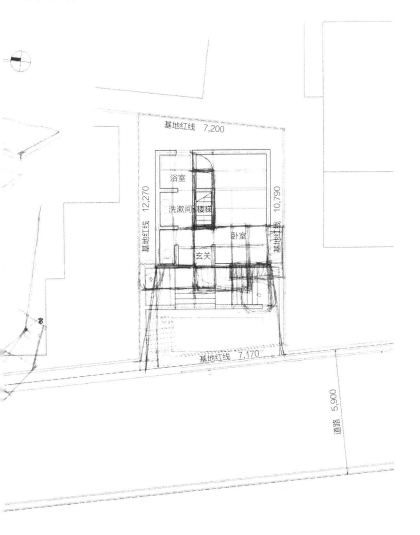

>SPACE

二门合一的两代同住玄关设计

1. 从外部看向二合一门的玄关。我们在二楼楼梯的踢脚设计了柔光灯，使台阶看上去温柔明亮，引导住户上楼。

2. 对于玄关的栅格门，我们使用了双层中空玻璃，因此需要特殊的门把手来配合加厚的门。这会使工期稍微延长。

（照片来源：Nacasa &Partners）

一层是父母使用的部分，二层是儿子用的两代同居住宅。外立面设计我们采用了大谷石，内部也使用其作为装修材料。从玄关处直接上二楼的楼梯踢脚，面板也都采用大谷石，因此整个建筑看起来温馨协调。

台阶下收纳空间（鞋柜）

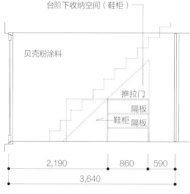

贝壳粉涂料

推拉门
隔板
鞋柜 隔板

2,190　860　590
3,640

鞋柜侧面展开图 S=1:80

扶手使用了一部分古老的地板支撑柱

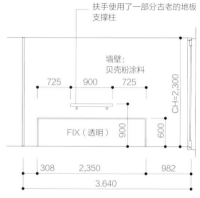

墙壁：贝壳粉涂料

725　900　725

CH=2,300

FIX（透明）　900　600

308　2,350　982
3,640

地窗侧面展开图 S=1:80

1层平面图 S=1:200

卧室

中庭

起居室

餐厅、厨房

玄关

停车场

玄关

POINT 1：为了让儿子也可以方便地进入父母用的一楼，我们设计了双向门。

POINT 2：在只有一半面宽的玄关处设计地窗，使光从脚下射进来，玄关看起来会明亮宽敞。

在没有刻意设置入口高差的玄关处，我们将之前老房子地板支撑柱的一部分设计用作扶手材料，可以增加温馨感与熟悉感。

铁骨架：PL=3mm SOP
米松木板楼梯 t=60mm OS

1. 从玄关到二楼门厅的楼梯是半室外的，中间设计的圆窗也会带给人一种特别的温馨感。

2. 楼梯和玄关的门我们都采用与大门一样的栅格门。

3. 在通向二楼的楼梯间我们开了一个大窗户，可以直接看到家族象征的樱花树。为了保持那种复古感，台阶采用了日式传统样式。

（照片来源：Nacasa & Partners）

起居室、餐厅

圆窗

门廊

起居室

鞋柜

CH=2,421
130
CH=2,470
CH=2,300
500
1,450
2,352
CH=5,005
3,640   3,640

CH=2,421
CH=5,021
150
1,365   2,730

玄关、门厅剖面图 S=1：150

2层平面图 S=1：200

主卧

门厅

收藏室

杉木板 t=30mm OS

大谷石贴面 t=30mm
水泥砂浆抹面 t=12mm
构造用复合木板 t=28mm

杉木板 t=42mm OS
构造用复合板 t=28mm

220
175
120 × 240
70
70
280
120 × 150
430

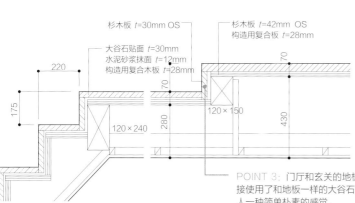

POINT 3：门厅和玄关的地板及墙面没有使用一些细线纹理的材质，而是直接使用了和地板一样的大谷石铺面，使整个建筑内部看起来和谐一致，又带给人一种简单朴素的感觉。

楼梯详图 S=1：20

建议：玄关门框的细节会带给人很强的印象性，所以在设计的时候一定要格外注重反复推敲。

市中心住宅的玄关及车库设计

POINT 1：因为几乎没有空间设计庭院，所以只能使用基地内的一小片区域种植绿植来加强入口的亲近感。

POINT 2：我们想要营造出一种开敞的感觉，所以面向道路的一楼卷帘门和二楼窗户都采用了大窗。

POINT 3：另外配合玄关设计了小型的后门增强了立面效果。

POINT 4：通过将大门设计到建筑内部的方式满足了防盗功能，同时使下雨天从玄关到车库的路线更通畅。

住宅在城市中心区，我们面对道路设计了玄关，既考虑了防盗性又考虑了光线效果。最后玄关呈现出温柔亲切的空间效果。

面向道路的车库防盗卷帘门作为建筑的门脸会带给路人深刻的印象。如果大家都在自家车库使用封闭性很强的防盗卷帘门，整个街道看上去就会非常死板，没有生气。让路人完全不想漫步其中。因此本次我想设计一个可以让人感觉亲近的、内外分别不是那么明显的道路到车库的过渡空间。这也许也会帮助户主尽早融入这个社区之中。所以我们最后决定将一楼及玄关设计成可以容纳一定交流活动的开放空间。

1层平面图 S=1：250

POINT 5：（右图）使用了铁平石作为统一建造材料建造了入口、玄关和车库立面。通过将户主最喜爱的玄关和中庭部分的杉木板展现给路人，来向路人表示自己的好客。

POINT 6：（左图）在玄关处和车库设计玻璃，可以使居室里的灯光晚上也能扩散到街道上，使建筑昼夜都呈现一种亲切感。

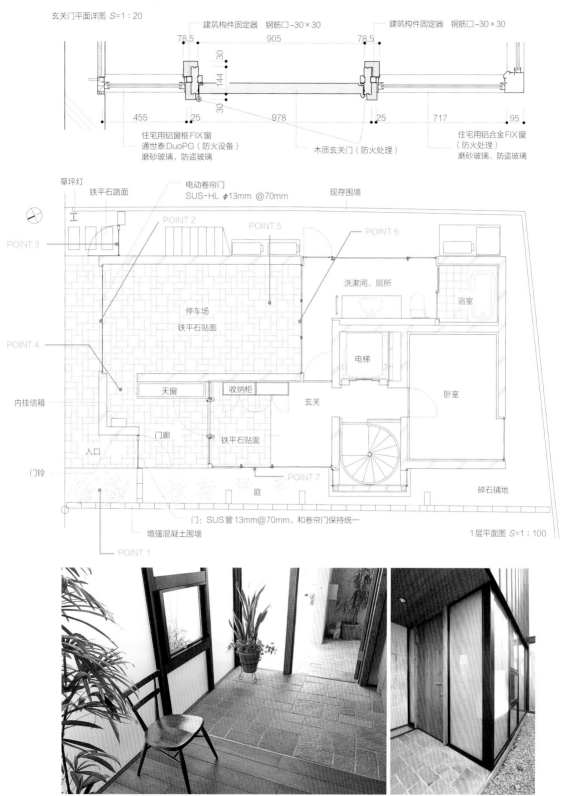

玄关门平面详图 S=1：20

建筑构件固定器 钢筋口-30×30

建筑构件固定器 钢筋口-30×30

78.5　　　905　　　78.5

30

144

30

455　　　25　　978　　　25　　717　　95

住宅用铝窗框FIX窗
通世泰DuoPG（防火设备）
磨砂玻璃，防盗玻璃

木质玄关门（防火处理）

住宅用铝合金FIX窗
（防火处理）
磨砂玻璃、防盗玻璃

草坪灯

铁平石路面

电动卷帘门
SUS-HL φ13mm @70mm

现存围墙

POINT 3

POINT 2

POINT 5

POINT 6

洗漱间、厕所

浴室

停车场
铁平石贴面

电梯

卧室

POINT 4

天窗

收纳柜

玄关

内挂信箱

门廊

铁平石贴面

入口

POINT 7

门铃

碎石铺地

庭

1层平面图 S=1：100

门：SUS管13mm@70mm，和卷帘门保持统一

增强混凝土围墙

POINT 1

POINT 7：地板的铁平石、磨砂玻璃围护和松木板共同营造出一种亲切感，在玄关的花花草草和椅子旁边唯一一块窗户可以将小庭院内的绿植像照片一样切割出来。（右图）松木材料全部选用玄关门大小的木板，在松木板的两侧都使用磨砂玻璃板用作围护材料。（摄影：石井雅义）

从道路一步进入的玄关

在大门和建筑的间隙没有空间时，如何利用印象来建造观念上的玄关是一个很有意思的挑战。

架空一层的各个小房间门都打开的样子，可以看到这里绿植满满。

将一楼的围护墙和柏油路一体化设计，使一楼看上去像是道路的一部分。

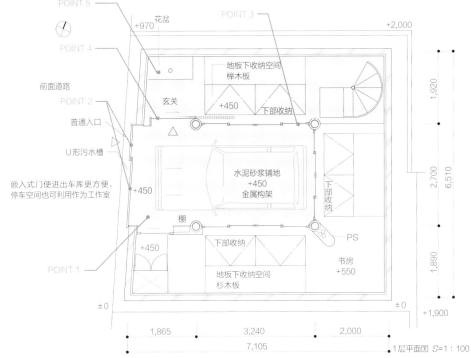

POINT 5
POINT 4
POINT 3
花盆
+970
+2,000
地板下收纳空间
榉木板
玄关
+450
下部收纳
前面道路
POINT 2
普通入口
U形污水槽
嵌入式门使进出车库更方便，停车空间也可利用作为工作室
+450
水泥砂浆铺地
+450
金属构架
下部收纳
POINT 1
棚
+450
下部收纳
PS
书房
+550
地板下收纳空间
杉木板
±0
±0
+1,900
1,865　3,240　2,000
7,105
1,920　2,700　1,890　6,510
1层平面图 S=1：100

建筑占满用地。一打开大门，多功能车库就呈现在眼前。

POINT 1：门厅空间。这个门厅空间也可以用作车库、手工作业、聚集亲朋好友的场地。

POINT 2：墙前的门全部关上就可以和墙上的画完美对应。另外设置了大门和小门，在不同场合可以开不同的门。

POINT 3：可以通过打开架空的一楼所有房间门，将一楼变成一个整体大空间。

POINT 4：为了区分出玄关，玄关门的材质和形状都与其他房间门不同。

POINT 5：以京都的传统住宅作为设计灵感，在一楼绿植的上方设计顶灯，使灯光缓缓铺洒下来，让从玄关进入的人有种进入小庭院中的感觉。

看向玄关上方的通风井和顶灯。二楼和三楼设计了复古建筑用具,将玄关营造出一种半内半外的感觉。

打开复古的玄关大门,绿植和顶灯让人感觉好像进入中庭一样。

从玄关看向楼梯。楼梯采用榉木板材质。

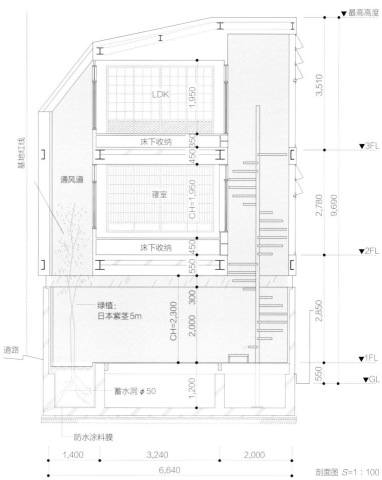

LDK

床下收纳

通风道

寝室

CH=1,950

床下收纳

绿植:
日本紫茎5m

CH=2,300

蓄水洞 φ 50

防水涂料膜

最高高度

3,510

▼3FL

2,780

9,690

▼2FL

2,850

▼1FL

550

▼GL

1,950

450 350

550 450

2,000 300

1,200

1,400   3,240   2,000

6,640

剖面图 S=1:100

从道路看向设计在内部的大门和架空的一层。

包入外部空间的门厅设计

本次将车库、玄关、外部空间设计连接到一体，让原来是赛车手的男主人可以在车库里摆放自己喜爱的汽车、摩托车等，而孩子们则可以在连接的空间内自由玩耍。通过将建筑外部场地设计成混凝土铺地碎石满铺的形式，尽可能地模仿出柏油道路的质感，让道路和建筑显得整体一致，没有隔阂。位于居民区边角的这个用地上，我们在车库边安装了冷媒热泵式电热水器，各种设备都塞入了建筑墙壁内，所以玄关部分从外面看来整齐干净。

从车站走来的人会被车库的大门吸引目光。这个看上去像玄关门一样的车库卷帘门是本次设计的一大亮点，它作为建筑的门脸，面向道路表现出一种热情欢迎的氛围。

一所房子的整体印象通常由最先进入眼帘的门厅决定。所以卷帘门之类的设计也都应认真地考虑。

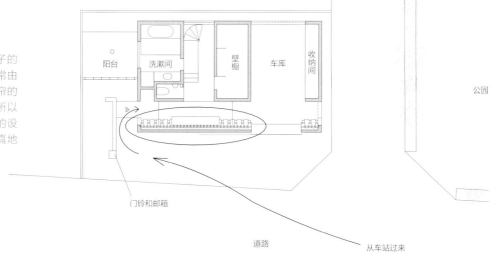

阳台　洗漱间　壁橱　车库　收纳间　公园

门铃和邮箱

道路　　　从车站过来

1层平面图 S=1：200

1. 通过将金属板材、构造材料、玄关门等一层层重叠起来，使它们看上去整齐划一。
2. 内部模型。在车库内部也开窗，以增加采光量。（摄影：平井広行）

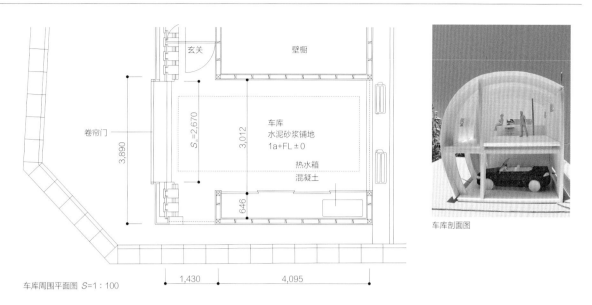

玄关　　　壁橱

卷帘门

车库
水泥砂浆铺地
1a+FL±0

热水箱
混凝土

S=2,670
3,012
3,890
646

1,430　　4,095

车库周围平面图 S=1：100

车库剖面图

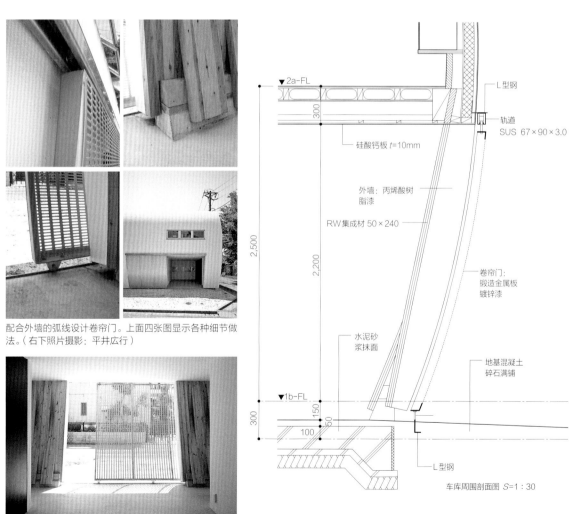

配合外墙的弧线设计卷帘门。上面四张图显示各种细节做法。（右下照片摄影：平井広行）

为了方便养护汽车，设计了配套的仓库；为防止尾气淤积，车库门采用了格栅金属卷帘门。（摄影：平井広行）

▼2a-FL

L型钢

轨道
SUS 67×90×3.0

硅酸钙板 t=10mm

外墙：丙烯酸树脂漆

RW集成材 50×240

卷帘门：
锻造金属板
镀锌漆

300
2,500
2,200

水泥砂浆抹面

地基混凝土
碎石满铺

▼1b-FL
300
150
50
100

L型钢

车库周围剖面图 S=1：30

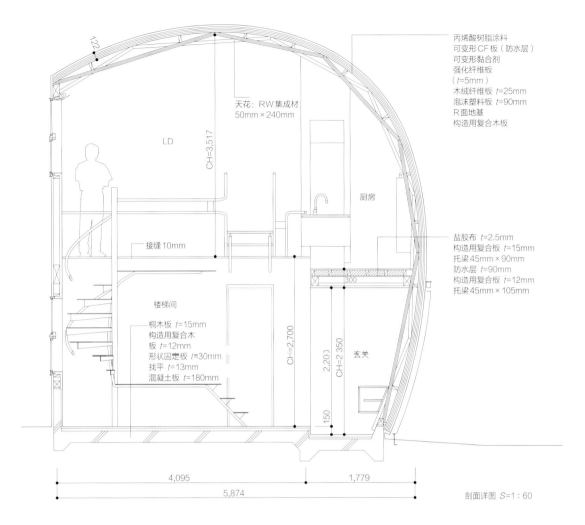

丙烯酸树脂涂料
可变形CF板（防水层）
可变形黏合剂
强化纤维板
（t=5mm）
木绒纤维板 t=25mm
泡沫塑料板 t=90mm
R面地基
构造用复合木板

天花：RW集成材
50mm×240mm

LD

CH=3,517

122

接缝10mm

厨房

盐胶布 t=2.5mm
构造用复合板 t=15mm
托梁45mm×90mm
防水层 t=90mm
构造用复合板 t=12mm
托梁45mm×105mm

楼梯间

桐木板 t=15mm
构造用复合木
板 t=12mm
形状固定板 t=30mm
找平 t=13mm
混凝土板 t=180mm

CH=2,700

2,201

300

CH=2 350

玄关

150

4,095

1,779

5,874

剖面详图 S=1：60

1. 从室内看向玄关。将鞋柜位置升高来凸显延续的构造结构。另外没有边框的推拉门也成了建筑设计的一个重要元素。推拉门直接连接室内外。

2. 打开门，玄关到车库的空间就连接为一体。

3. 从楼梯看向玄关可以看到从二楼延伸下来的构造体。

建筑特征由玄关的门、收纳室等空间表现出来。为了突出男主人的爱好，车库部分采用了和木质材料印象截然相反的铝合金材料装修。需要注意的是这种安装在异形结构上的门窗在施工建造时要一点点做调整。

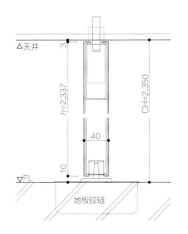

△天井
3
h=2,337
CH=2,350
40
10
▽FL
地板铰链

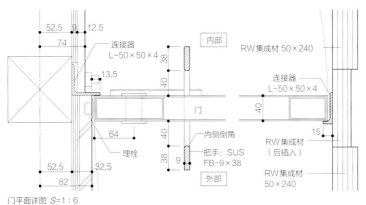

52.5　9　12.5
74
连接器
L−50×50×4
13.5
内部
RW集成材 50×240
38
40
连接器
L−50×50×4
40
门
64
内侧倒角
40
埋栓
38
把手：SUS
FB−9×38
52.5
32.5
9
外部
RW集成材
（后插入）
82
RW集成材
50×240

门平面详图 S=1：6

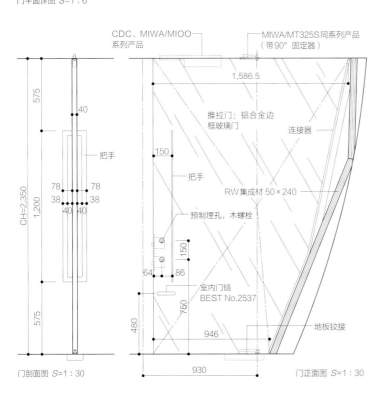

575
40
把手
CH=2,350
1,200
78　78
38　38
40　40
575

门剖面图 S=1：30

CDC、MIWA/MIOO
系列产品
MIWA/MT325S同系列产品
（带90°固定器）
1,586.5
推拉门：铝合金边
框玻璃门
连接器
150
把手
RW集成材 50×240
预制埋孔，木螺栓
150
64　86
室内门链
BEST No.2537
750
480
地板铰接
946
930

门正面图 S=1：30

从室外看推拉门。（摄影：平井広行）

门上的凹凸是配合锁的形状做的变化（摄影：平井広行）

稍微打开推拉门的样子。

阳台和玄关协调设计

没有平坦道路而利用台阶作为入口的位于北斜面的基地。爬上北斜面时风景在身后，无法欣赏到，但是在玄关处换鞋一转头，就会发现这美好的景色全部映入眼帘。

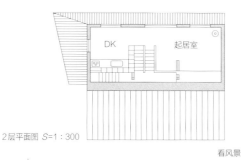

2层平面图 S=1∶300

1层平面图 S=1∶300

POINT

北立面图 S=1∶300

POINT

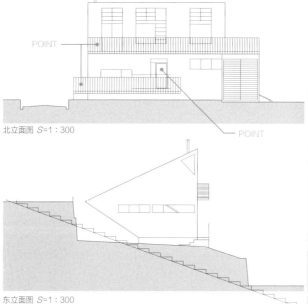

东立面图 S=1∶300

POINT：玄关门使用特殊门把手，将玄关入口与二楼阳台协调设计等，立面处理采用了多种细节处理手法。

1. 二楼阳台和一楼玄关采用同样的设计，加强统一性的立面。
2. 通过在门廊设计铺地、改变小高差等方式增加室外进入建筑的过渡感。
3. 二楼阳台兼做一楼玄关的遮雨篷。
4. 从建筑背后看建筑体，可以看到入口的邮箱、门牌及门铃。
（照片来源：Nacasa & Partners）

因为玄关和起居室在半地下空间，所以走楼梯这个行为本身就具有室内外的过渡作用，因此，我们将玄关最终缩小到了只能放置一个鞋柜的面积。

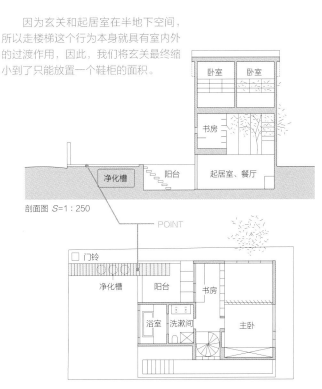

剖面图 S=1：250

POINT

2层平面图 S=1：250

1层平面图 S=1：250

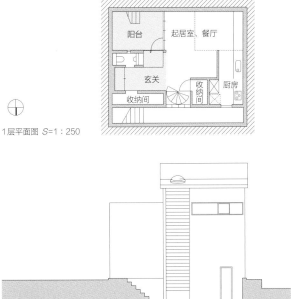

北立面图 S=1：250

1. 铺木板的入口在暗示玄关方向的同时也遮盖住了井盖。因为木板上无法停车，所以入口还设计了一小段斜坡用来停车（POINT）。

2. 从起居室看玄关。一进入玄关就是起居室的空间构成。

3. 从起居室看向入口楼梯。因为楼梯只在一侧，并且没有设计踢脚，所以透过楼梯可以看到院子的大部分，使空间显得开敞明亮。

4. 从玄关看起居室。

一体化设计的道路和入口

建筑基地位于一条道路的尽头，我们将道路和入口部分做了一体化设计，增强了协调感。如果道路到建筑就停止了，会产生断裂感，因此在尽头我们设计了一个回车场地避免这种断裂感。

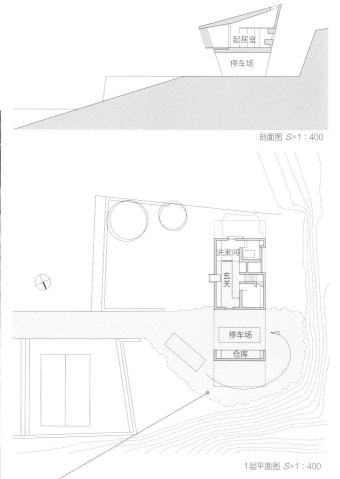

剖面图 S=1∶400

1层平面图 S=1∶400

1. 从基地下方有历史韵味的小道向基地看去，可以看到这条凹凸不平的小路，我们决定将这种凹凸不平的元素引入建筑设计之中。
2. 钢混建筑体和入口部分的对比。为了增加建筑和入口的统一性，建筑周围也浇筑了混凝土。
（摄影：平井広行）

POINT：没有将道路尽头直接设计成死胡同，而是设计了一个回车场地，因此道路看起来很柔缓，具有一种传统农村小路的感觉。

入口施工照片。为了和凹凸不平的路保持协调感，没有采用漂亮平整的柏油路面，而是在混凝土上满铺碎石。

1. 从玄关看室内。与作为建筑设计特色的凹凸不平的开口相对应，走廊和门我们使用了平整的大木板，由这个奇妙的组合营造出一种新鲜的室内环境。

2. 从门廊看向玄关。门上的凹口是配合锁的形状做的变化。

3. 从入口看向玄关。可以从车库直接进入室内而不需冒雨行路。（摄影：平井広行）

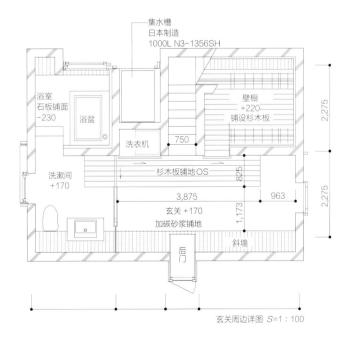

玄关周边详图 *S*=1：100

为了让门看上去像一块大木板而采用了复合木板门。周围的黑色方形物体是锁和钥匙箱。（摄影：平井广行）

应对宽阔自由的停车空间采用整体木板作为门的材料，创造出一种独特的玄关空间效果。玄关门要兼顾防水及气密性，因此我们采用紧贴墙壁的轨道门形式。（参照玄关门平面详图）

15mm 的空隙再增加就很难开锁，减少则难以保证气密性

装饰框

上方轨道：PL-1.6

羊毛铺垫

剖面图 S=1：10

POINT 1：为了保证气密性将门紧贴外墙。

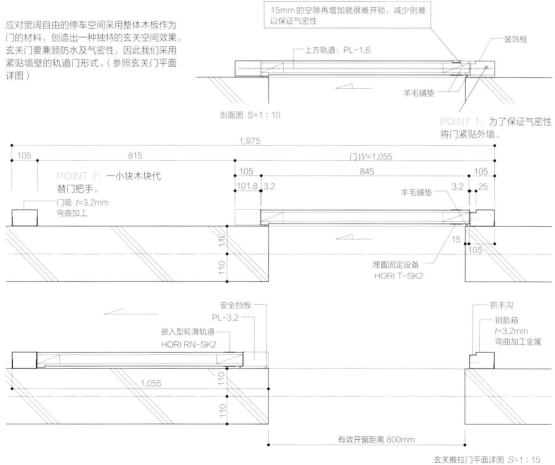

1,975

105　　　　815　　　　门 W=1,055

POINT 2：一小块木块代替门把手。

门吸 t=3.2mm
弯曲加工

105　　　845　　　105

101.8　3.2　　　　　　　羊毛铺垫　　　3.2　25

110

110

15

105

埋置固定设备
HORI T-SK2

安全挡板

PL-3.2

嵌入型轮滑轨道
HORI RN-SK2

抓手沟

钥匙箱
t=3.2mm
弯曲加工金属

1,055

110

110

有效开窗距离 800mm

玄关推拉门平面详图 S=1：15

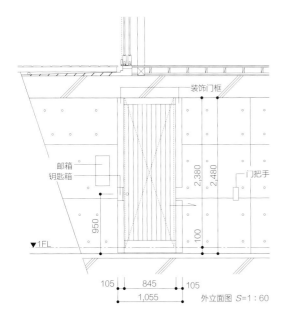

装饰门框

邮箱
钥匙箱

门把手

2,380
2,480

950

100

▼1FL

105 | 845 | 105
1,055

外立面图 S=1:60

从室内看玄关门。（摄影：村田昇）

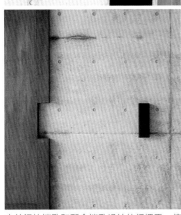

玄关门的锁孔和配合锁孔设计的门把手。使用了统一的设计。

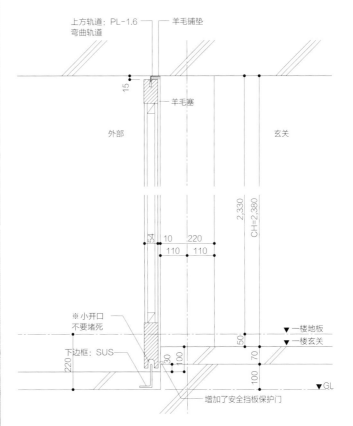

上方轨道：PL-1.6   羊毛铺垫
弯曲轨道

15

羊毛塞

外部   玄关

54
10 220
110 110

2,330
CH=2,380

※小开口
不要堵死

下边框：SUS

▼一楼地板
▼一楼玄关

50
70
100

220
30
100

▼GL

增加了安全挡板保护门

玄关推拉门剖面详图 S=1：15

在玄关与门廊之间建造小空间

从旗状的入口看向建筑。
（照片来源：Nacasa& Partners）

从庭院看玄关门厅。

通过入口到玄关的这一小段路上设计的墙壁、地板、天井，创造出一小段别有特色的空间。这里吸引着来自建筑四面的视线，随着小路深入建筑，引导人们进入内部。

这次的旗状基地位于一个有一定坡度的空地上。进入房间的路线我们设计成了从旗状入口迂回进入的形式。从墙壁、地板、天井都精心设计的狭小入口门廊迂回进入绿色小庭院，视线豁然开朗。希望房主人可以享受这种美妙的空间变化体验。

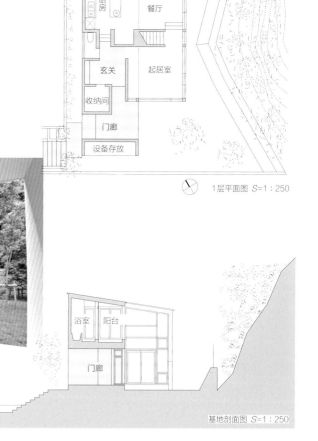

1层平面图 S=1：250

基地剖面图 S=1：250

站在门廊可以看到从入口完全无法想象的内部宽阔小庭院。

从门廊看向右面的玄关。通过一个木质的遮帘创造出两种不同的空间：被墙壁围绕的"内向"空间和面朝庭院的"外向"空间。玄关和门廊高度相同，尽量体现出同一种空间感受。

玄关和门廊同样高，同时鞋柜隐秘设计，所以这个空间并不会给人们一种狭小感。另外我们设置了鞋柜镜子和地窗使室内明亮，同样也增加了空间的宽阔感。关于这个鞋柜的玻璃门我们起初想使用白色木板，因为玻璃板在频繁使用的地方很容易留下很多手印，不易清洁，不过房主最终还是决定使用玻璃板作为鞋柜门。

入口门廊和玄关的施工做法

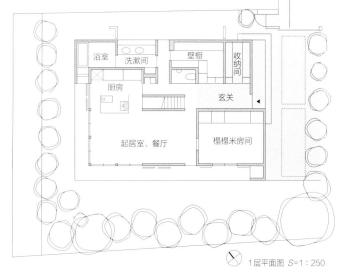

建筑的铺砖和地面铺砖都凸凸凹凹，十分相似，使这个狭长的入口空间与建筑体量、玄关空间相协调。

如果入口门廊平坦狭长，那么进出房子就会很无聊。所以我认为狭长平坦的入口门廊可以设计成曲折的，或者有一定高差变化的，蕴含一些小设计、小故事的地方。

进入旗状的基地后一直到停车空间地面都铺设了砖石，使这个狭长的入口空间显示出一种低调的奢华。另外建筑外墙面铺贴瓷砖，这些凹凸不平、错落有致的小砖块成为本次设计的一大特色。

另外一些设计也都按照这个基本的特色而做，所以虽然这次设计我们发挥了很多小特点，但并不会显得杂乱无章，而整体协调统一，内容丰富有趣。

电线支架

砖石铺地

电动卷帘门

浴室　洗漱间　壁橱　收纳间

厨房　玄关

起居室、餐厅　榻榻米房间

1层平面图 S=1：250

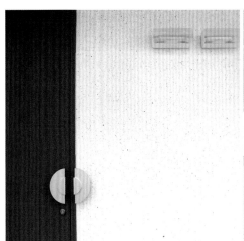

玄关的外墙是素土白墙。

由粗糙凸凹的砖石铺地和瓷砖贴墙到玄关附近略微平整的素土白墙，这些材质的变化引导人们从室外移动到室内。

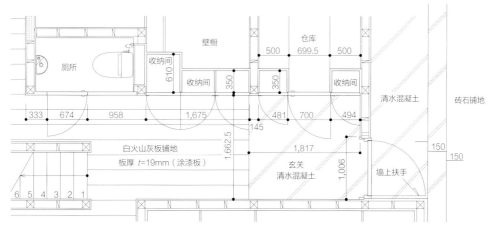

玄关周边平面图 S=1：60

1. 在日本一般玄关处都会设计一面镜子，这次我们设计在门的旁边而不在墙上，使整个墙体看上去像是一个整体。
2. 从门廊到玄关内部、厨房都没有设计高差，而是通过材料的变化区分空间感受。右侧的墙我们也用了木板平铺过去，使墙看上去像是一个整体。

POINT 1: 在杉木板上布置把手和各种小道具。

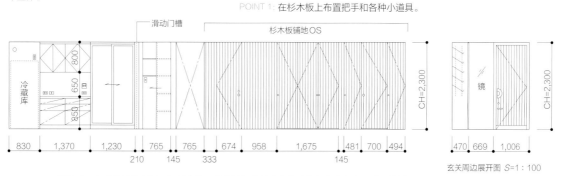

玄关周边展开图 S=1：100

POINT 2: 门把手及各种小储藏空间，厕所必须设计的地面高差变化等我们都考虑在内，才最终创造出这一张整体的木板墙。

保留古色古香的风格

在我们建造之前，基地是一片当地非常常见的石子路。为了在设计中能体现出原本石子路的感觉，我们在入口附近使用了大片的碎石铺地，想借此来保留古色古香的氛围。

1层平面图 S=1∶200

从入口看向玄关，门前有一棵漂亮的花梨树。

为了还原古色古香的石子路，入口处的停车场我们采用碎石铺地的方式建造。

玄关附近剖面图 S=1∶100

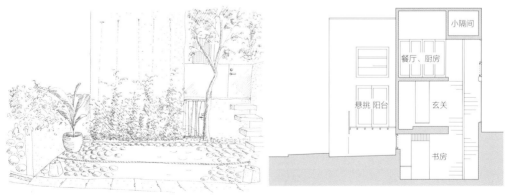

剖面图 S=1∶200

1. 从榻榻米房间看入口，悬挑阳台的设计非常便于进出。
2. 为了突出入口处的碎石铺地，我们将台阶抬离地面500mm。同时设计了非常有当地特色的红色门窗，与其共同营造古色古香的感觉。
3. 榻榻米房间延伸出来的挑檐阳台楼板设计为格栅状，使光线可以透过阳台照亮地下书房。

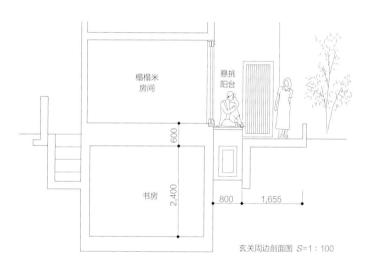

玄关附近既是休息场地，同时也是和邻居连接之地。入口处的悬挑阳台的设计是希望可以创造出更开放的空间，和更多与人交流的机会。同时为了更方便年老的母亲，我们在采光良好的玄关旁还布置了日本传统农家风格的榻榻米房间。

榻榻米房间

悬挑阳台

书房

600

2,400

800   1,655

玄关周边剖面图 *S*=1：100

利用高差我们将书房设计为半地下式，玄关前的空间以及格栅状的悬挑阳台楼板保证了书房的通风和采光。

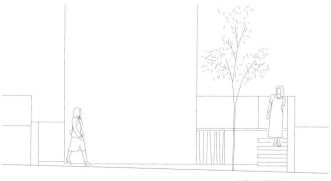

玄关正立面图 *S*=1：100

62-63页所有照片：中川敦玲

玄关的墙面在设计之后可以将玄关变成一个有一定使用功能的空间。因此在设计中我们不可忽视玄关的采光设计，应该充分利用建筑内的每一块面积。

洗面台

洗衣机

4 5
3 9
2 10
1 11
14 13 12
上

玄关
+100

白色空气夹芯板
t=18mm（涂漆板）

200
150 水曲柳木框

三合土地面

鞋架

榻榻米
房间

1,800
1,800
4,500
900
900
900

+300
-50

玄关附近平面图 S=1：60

POINT：为了使从入口抬头向上看和从玄关看向二楼地板的视角呈现出同样的感觉，我们在楼梯的踏板两端都设计了30mm的突出部分。这也使走在楼梯上的人有一种每走一步空间都在变化的感觉。

空间带给人的感受会因地板材料及边框做工等细节呈现而不同，因此如何整合墙壁木板的不同纹理也是设计的重点，我认为如何设计这些容易被人忽视的细节是一个作品成功与否的关键。

从玄关看向楼梯，我们选择了漫反射系数较高的磨砂玻璃窗作为楼梯间窗材料。光线可以从楼梯间深部温柔地扩散进室内。（摄影：中川敦玲）

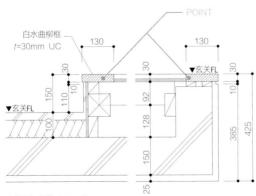

白水曲柳框
t=30mm UC

POINT

130
130
30
30
30

▼玄关FL
150
110
100
▼玄关FL
92
128
150
25
385
425
10

玄关边框详图 S=1：15

采用格子门的入口设计，可以将光线温柔地引入室内。（摄影：中川敦玲）

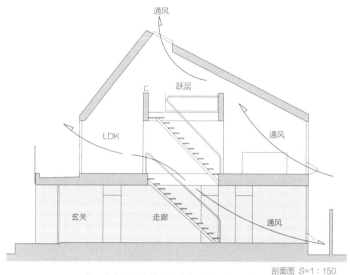

剖面图 S=1：150

POINT 3：为了连接面向楼梯的儿童房到起居室的流线，玄关前扩充了走廊空间。

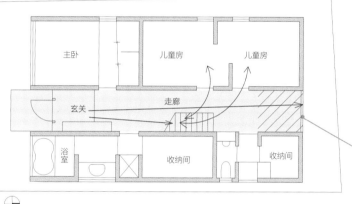

1层平面图 S=1：150

设有各种功能的玄关

玄关空间位于建筑正中心。这里既是玄关也是走廊，同时还是芭蕾舞的练习场地、孩子们的娱乐场所。如何让小小的玄关兼顾这些功能成为设计跃层的重点。

POINT 1：为了保证这个空间的实用性、可利用性，我们在玄关门两侧及对面设计了玻璃窗保证采光。

POINT 2：因为本侧玻璃对面是邻居住宅，为了保证隐私的同时满足采光，本侧采用了磨砂玻璃。同时通过开地窗满足了通风要求。

1. 玄关门两侧的玻璃采光。和左侧的鞋柜悬空设计，使空间看起来更宽敞，鞋柜上可以放置家庭照片等杂物。
2. 楼梯的照片。楼梯只有楼板和必要结构，保证室内采光质量和通风质量。
3. 走廊尽头的磨砂玻璃将光线温柔地引入室内，照亮芭蕾舞练习区域。

一平方米的玄关

如果想让小面积的玄关呈现出宽阔感，我们可以将玄关与其他房间相连。

从室内看玄关。（照片来源：Nacasa & Partners）

狭小的玄关不要设计过多变化。在脱鞋处设计线框就会使空间狭小，因此我们设计了两块石头代替瓷砖。

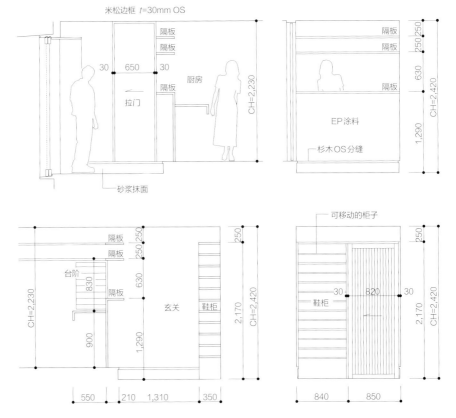

玄关展开图 S=1：60

POINT 1：用推拉门的时候门厚和门锁的设计就成了重点。

POINT 2：设计格栅门来使玄关门具有通风功能。

从室外看玄关。通过玄关门与二楼开窗的古风化设计，让人在进门前对室内空间有所期待。

1层平面图 S=1∶200

PL-3.2
弯曲加工
SOP涂料

70　65　175

15

45 45
3
178　84.5　240

防风材料

水切弯曲彩钢板

地面：砂浆抹面
金属支架、碎石填实
▼玄关FL

玄关门剖面详图 S=1∶15

30　820　30

门、边框：丝柏OS材

填缝

植物废料填缝

鞋柜

拉门锁头

500

纱窗门

130

彩钢板轨道

30　100　100　30

彩钢板轨道

FL5+6A+FL5

竖格子：20×16@50

（60、61所有照片来源：Nacasa & Partners）

玄关门平面详图 S=1∶15

玄关深处设计了带有烤箱的厨房，厨房空间使玄关看起来更宽敞。

设计小玄关

建筑正立面照片。建筑前的空间退让，让在密集住宅区的路人可以感受到绿植。
（照片来源：Nacasa & Partners）

POINT 1：尽量增加面积来收纳四个人的鞋、衣帽等。

POINT 2：玄关前设计了放置雨伞、雨衣等湿物品的空间。

1层平面图 *S*=1：200

砂浆铺地，防滑涂料

散水的防水节点

散水

彩钢板

铁边框

铁边框

灰碳砂浆

铁边框

▽ GL

门廊节点详图 *S*=1：15

玄关面积不大的时候，首先要考虑必要的功能怎么完美地安排进去。因为户主还需要一个停车空间，所以玄关只能设计成一个"凹"字形的箱型空间。

外墙的镀锌钢板和门廊的风格不同，以及散水和玄关的高差这两个问题都可以通过增设铁制边框来解决。
（照片来源：Nacasa & Partners）

POINT 3：考虑到玄关的大小，虽然没有办法设计很大的壁龛，但是放置钥匙、邮件等杂物的空间也不可缺少，所以设计了凸出状的壁龛。

POINT 4：设计了放置宾客以及湿鞋的地方，使玄关空间看起来整洁干净。

将门廊的柜子和鞋柜的下方架空，空出了910mm宽的走廊。在玄关的高差处开始整铺木板，使空间从高差处分割为内外两部分。

矮竹板

鞋柜

壁龛

换鞋处

玄关展开图 *S*=1：60

玄关高侧窗采光，另外和楼梯间共同形成通风道，所以不会有压迫感。

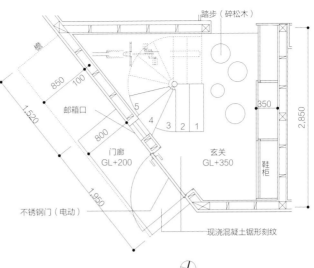

玄关周边平面图 S=1：60

包含台阶只有两平方米的玄关，在高侧窗自然光的渲染下呈现出一种中庭的感觉。虽然狭小，但是却给人很舒适的空间感。

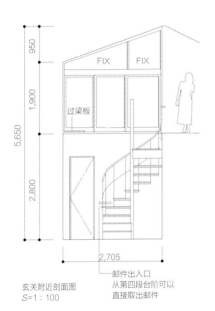

玄关附近剖面图
S=1：100

邮件出入口
从第四段台阶可以直接取出邮件

玄关高度和防水构件缝高度差不多时，可以一体化设计，这样看来更整洁协调。

POINT 1：通过将玄关和楼梯间设计在一起，创造出楼梯下的自行车停车空间，以及邮件的收取空间。并且设计了一面大壁橱收纳杂物，提高玄关有效利用率。

POINT 2：为了让狭小的玄关看起来宽敞些，将台阶上下的材料尽量统一，产生暧昧的室内外区分感。走廊和楼梯间以踏步相连。

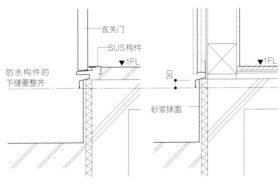

玄关门部分防水构造详图 S=1：15　　其他部分防水构造详图 S=1：15

分隔空间的玄关

因为想要建造一座东西折中样式的房子，所以玄关门选用了日本传统风格的样式。入口处也采用了传统风格的石块铺地，营造出一种复古的感觉。玄关空间由推拉门分割，一打开门融合展览、陶艺的大空间就映入眼帘。

1. 建筑外观照片。入口处铺满传统风格的石砖块，随着时间推移石块之间会渐渐长出杂草，呈现另外一种趣味。

2. 入口门廊设有一段高差，踏步台边角倒角处理，使踏步台看上去柔缓不生硬。（照片来源：Nacasa & Partners）

POINT 3：使用了重建前的老宅门作为新宅的大门。

POINT 2：为了达到一种柔缓的视觉效果，台阶的边角都采用了倒角的处理手法。

POINT 1：入口处传统风格的石块铺地营造出一种凸凹不平的特殊美感。

GL±0　　　　　　　　　倾斜

3,770　　　90　　　　　4,800

−600

1,062　灰碳砂浆抹面金属支架地板　　　条石铺地停车场

900　1,520　894　741

枫树

手工间 +353　　玄关 +353

2,527

四照花

2,730

3,640

地板：灰碳砂浆抹面 t=53mm 聚氨酯橡胶铺地

+453　　展厅

唐纸拉门

储藏柜

鞋柜收纳柜

抛光推拉门铺贴唐纸

砂石铺地

910

地板：松木板铺设 t=21mm OS

2,730　　1,820　　3,640

玄关周边平面图 S=1：80

POINT 4：由六个推拉门分割三个房间，通过开关这些门可以创造出不同大小、风格的空间。户主可以根据心情及具体使用的不同，随时改变空间大小。

POINT 5：推拉门也是构成折中样式的重要元素。我们采用三种不同的唐纸装饰这些推拉门，使它们在不同开关组合下呈现出不同的室内效果。

1. 通过开关这些推拉门，创造出不同大小的空间。照片是推拉门完全打开时的样子，推拉门可以完全收进墙上的夹缝中。

2. 两个推拉门只打开一个时的样子。

3. 从展厅看玄关。全部打开推拉门就可以创造出一个放置大物件的空间。可以看到推拉门是怎么收进墙中的。

4. 两个推拉门各开一半的样子。

5. 从工坊看玄关。

6. 推拉门全部关闭的样子。全部关闭时，室内由玄关门上部的小窗采光，在微光的照耀下推拉门上的唐纸熠熠生辉。

玄关收纳空间平面图
S=1:40

POINT 6：门和墙同宽同高。

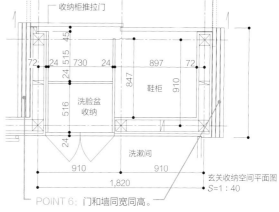

分隔空间的玄关

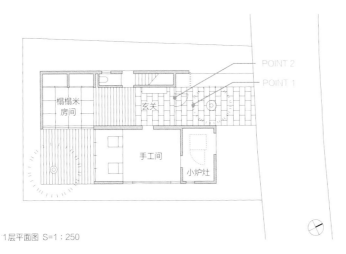

1层平面图 S=1：250

POINT 1：因为偶尔兼做个人展品展厅，所以设计了宽敞的玄关。为了让客人不感到约束，玄关和室外道路都采用同样的大谷石铺地，使室内外分割不那么明显。

POINT 2：为了将门前的小树和室内环境融为一体，门两侧设计了没有边框的玻璃窗。

POINT 3：为了让玻璃看上去更自然，玻璃的安装边框可以埋在地板中。

POINT 4：因为门上有吊顶，所以有必要设计上边框。考虑到视觉平衡，门的两侧也同样安装了边框。

因为户主想让玄关兼有展厅的功能，所以我们扩大了玄关的面积，并在玄关内侧布置了榻榻米房间，旁边布置了工坊，把来访客人的活动区域连接在了一起。

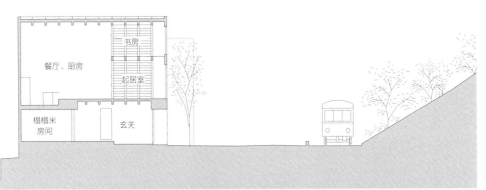

剖面图 S=1：250

1. 玄关在作为陶艺家的户主举办个人展时可以兼做展厅或售卖处。
2. 建筑门前小庭院，树影婆娑，有一种自然之美。
3. 建筑外观照片。由于玄关和室外采用了同样的大谷石铺地，所以室内外分割没有那么突出，空间连续感较强。在内侧设计的榻榻米房间也加强了这种空间连续感。（照片来源：Nacasa & Partners）

1. 从玄关看榻榻米房间。考虑到陶器有破碎伤人的可能，所以设计了坐着欣赏陶器的展厅。由站着欣赏到坐着欣赏，既减少了行走观展过程中意外破碎陶器的危险，也增加了观赏的趣味性。

2. FIX玻璃制造的玄关门两侧边窗。玻璃下边框埋在地板中，增加了室内外的空间延续感。

3. 玄关处摆放的陶艺作品。（照片来源：Nacasa & Partners）

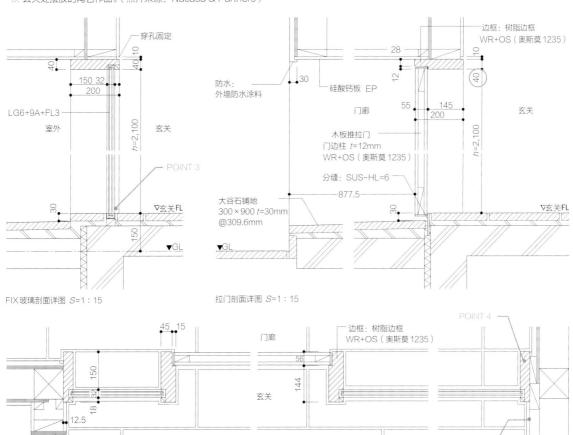

FIX玻璃剖面详图 *S*=1：15

拉门剖面详图 *S*=1：15

玄关门平面详图 *S*=1：15

POINT 5：虽然想要露出边框，但是由于内外构件的高度和厚度不同，无法完全外露出来。这时我们可以通过抬高室内地面、增加室内外高差的方法，露出全部边框。

让玄关兼有其他功能

可以举办小型家庭聚餐以及迷你演奏会的玄关。入口设置在阳台一侧。

1. 从玄关看楼梯间。楼梯间的一部分会成为演奏区，右面的门通向厕所和衣帽间。
2. 从楼梯下方看向二楼。从楼梯上去就是阳台，光线从楼梯上方均匀地照亮演奏区。

POINT 1：一楼设计了家庭聚会需要的所有功能空间。

阳台

玄关

剖面图 S=1：200

西立面图 S=1：200

从玄关看室外。这里通向起居室和厨房空间。两侧是可开启的玻璃门。

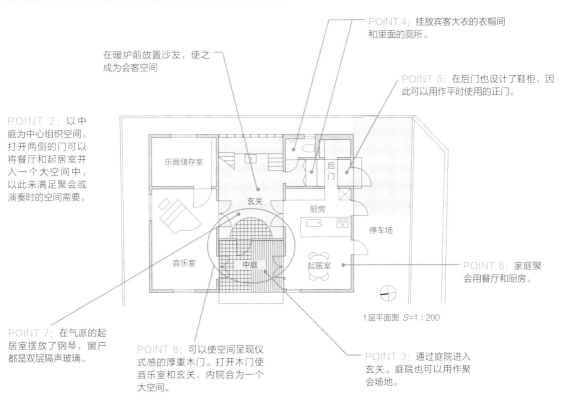

POINT 4：挂放宾客大衣的衣帽间和里面的厕所。

在暖炉前放置沙发，使之成为会客空间

POINT 5：在后门也设计了鞋柜，因此可以用作平时使用的正门。

POINT 2：以中庭为中心组织空间。打开两侧的门可以将餐厅和起居室并入一个大空间中，以此来满足聚会或演奏时的空间需要。

POINT 6：家庭聚会用餐厅和厨房。

乐器储存室

玄关

后门

厨房

停车场

音乐室

中庭

起居室

1层平面图 S=1：200

POINT 7：在气派的起居室摆放了钢琴，窗户都是双层隔声玻璃。

POINT 8：可以使空间呈现仪式感的厚重木门。打开木门使音乐室和玄关、内院合为一个大空间。

POINT 3：通过庭院进入玄关。庭院也可以用作聚会场地。

挡风室

在梅雨盛行地或者冬季寒冷地区、昼夜温差大的地区，挡风室就成了一个必要的过渡空间。
我们列举三个案例来说明如何设计有挡风室的玄关。

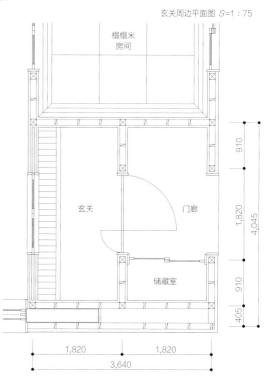

玄关周边平面图 S=1：75

富山县夏季炎热，冬季寒冷，因此挡风室就成了这里的建筑的一个必要组成部分。
在寒冷的冬季可以在门廊处放置扫雪用的工具和雨靴。
在炎热的夏季可以打开里面的推拉门，转开回转式的玄关门来增强室内通风。（照片来源：Nacasa & Partners）

这个别墅位于日本最寒冷的八岳县。
我们在建筑入口处加建了这个玻璃挡风室，玄关和建筑内部设计了其他的门来分割，尽可能地避免室内热量流失到室外。

1层平面图 S=1：300

在位于若手县的这个酒店，我们设计了大挑檐来避免森林中的落叶及泥石落入室内。在宽阔的檐下空间设计了挡风室，挡风室里可以放置扫除用具等杂物。

为了达到开门见山的效果，挡风室设计在建筑立面的正中间，穿过挡风室的玻璃门，建筑内部空间就完全呈现在眼前。

玻璃围合的挡风室虽然可以交流视线，但是双层玻璃的设计阻挡了噪声的传播。（照片来源：Nacasa & Partners）

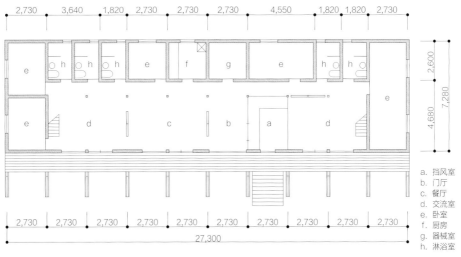

a. 挡风室
b. 门厅
c. 餐厅
d. 交流室
e. 卧房
f. 厨房
g. 器械室
h. 淋浴室

1层平面图 S=1：250

第 2 章

楼梯

　　楼梯除了上下楼这个基本功能之外，应该还具有其他吸引人之处。行走在楼梯上，每走一步的视线高度都在变化，因此会有一步一景的空间感受。当然楼梯也可以设计为坐下来休息的地方，或者当作某种展示台，或者作为儿童玩乐的场所。楼梯的设计方式多种多样，既可以将楼梯当作一个普通的房屋部件设计，也可以将楼梯间用作采光通风井，将楼梯设计为房屋承重结构的一部分也未尝不可。楼梯是一栋房子设计的一大重点，所以在设计中我一般都会不断揣摩它的位置和形状，以此来创造出一个独特的、有魅力的空间。

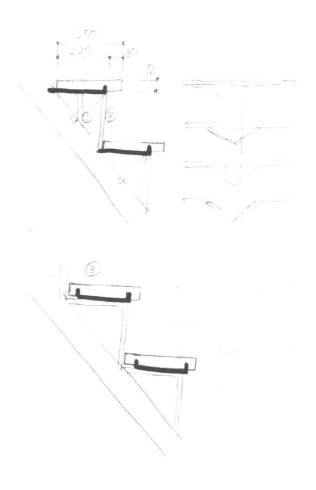

虽然前面说了许多楼梯设计的可能性，但是楼梯设计最重要的毋庸置疑是它的安全性。脚踩上去的部分（踏板）、连接踏板和踏板的小木板（踏步挡板），其尺寸设计要严格遵照法律法规（踏面宽15cm以上，踏步高23cm以下），这样才能保障其最基本的安全性能。当然，并不是踏板越宽越安全，或者踏步越低越安全，重点在于一种平衡性。比如我自己的事务所就设计了23cm宽踏面、20cm高踏步的楼梯，一般来说踏面宽加踏步高为43~45cm的楼梯走起来会很舒服。另外，踏板上的防滑设计也不可忽视，如果不设计2~3cm的防滑带，在下楼梯的时候就很容易脚下打滑，导致人员受伤。

楼梯扶手设计也是保证楼梯安全性的重要一点，根据材质不同一般分为木质扶手和金属制扶手两种。追求纤细感时可以使用镀层扁钢扶手，追求整体感时可以使用煤气管扶手。楼梯扶手会直接影响整个楼梯的风格，并且扶手是人们经常触碰的部分，所以我希望扶手可以被作为一个重要元素来进行设计，而不是配合着楼梯构造尺寸随意建造。

此前曾为一个腿脚不便利的人做楼梯设计，他要求我做一个旋转楼梯。我告诉他，旋转楼梯对于他来说很危险，但是他说在爬旋转楼梯的时候可以一只手握着旋转楼梯的中心柱，就像扶着拐杖一样，所以会让他感觉很安全，这让我受益匪浅。在考虑楼梯安全性的时候，不要拘泥于常识和书本上的知识，要多考虑实际情况及未来住户的特点和要求，实事求是地做设计。

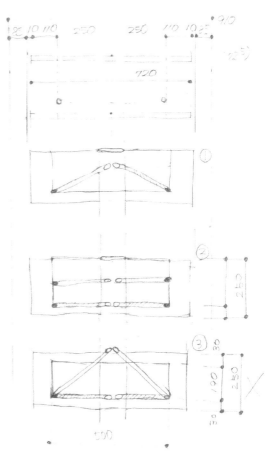

>STAIRS

在踏步高度的设计上下功夫

通过在旋转楼梯的上下各设置一个踏步台的方式，控制了层高过高的旋转楼梯踏步高度。

POINT 1：楼梯上下设计的踏步台可以调整楼梯与地板的高差，以此来改变楼梯上的踏步高度，当楼梯踏步高度不合适时可以考虑使用这种方法。

POINT 2：扶手和扶手栏杆用镀锌扁钢制作，楼梯看起来纤细美观。

注意：使用镀锌扁钢做旋转楼梯的扶手是有一定施工难度的，因为镀锌扁钢的弯曲加工工艺较繁复。

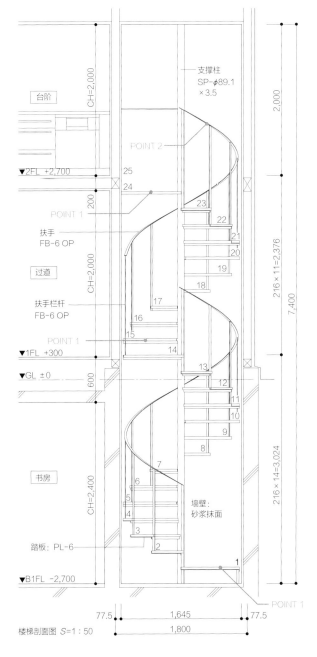

楼梯剖面图 S=1:50

二楼部分。为了控制踏步高度，楼梯和二楼交接处比二楼楼板低一些。

一楼部分。和上面的道理一样，一楼的交接处比楼板高一些。

地下室部分。旋转楼梯无法正对行走方向时，可以通过设计踏步台来改变方向。

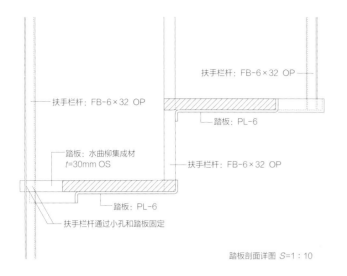

扶手栏杆：FB-6×32 OP

扶手栏杆：FB-6×32 OP

踏板：PL-6

踏板：水曲柳集成材
t=30mm OS

扶手栏杆：FB-6×32 OP

踏板：PL-6

扶手栏杆通过小孔和踏板固定

踏板剖面详图 S=1：10

踏板比支撑踏板的支架长出一节，以此来强调踏板的厚度，给人心理上的安全感。

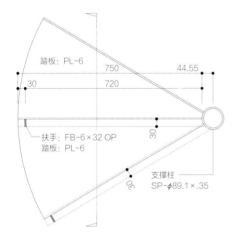

踏板：PL-6

750   44.55

30   720

扶手：FB-6×32 OP

踏板：PL-6   30

支撑柱
SP-φ89.1×.35

30

踏步背面平面详图 S=1：15

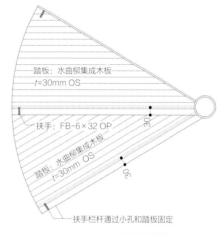

踏板：水曲柳集成木板
t=30mm OS

扶手：FB-6×32 OP   30

踏板：水曲柳集成木板
t=30mm OS

30

扶手栏杆通过小孔和踏板固定

踏板平面详图 S=1：15

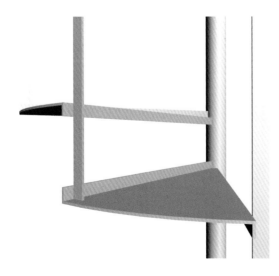

楼梯支撑结构CG效果图。下部的支撑构件和扶手都采用6mm镀锌扁钢制作，但下部构件通过弯曲加工增加了强度。

镂空踏板消除楼梯体量感

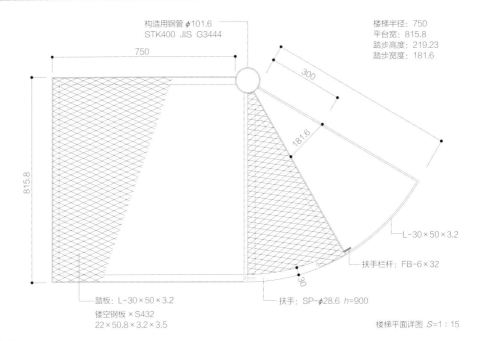

构造用钢管 φ101.6
STK400 JIS G3444

750

815.8

300

181.6

楼梯半径：750
平台宽：815.8
踏步高度：219.23
踏步宽度：181.6

L-30×50×3.2

扶手栏杆：FB-6×32

30

扶手：SP-φ28.6 h=900

踏板：L-30×50×3.2
镂空钢板×S432
22×50.8×3.2×3.5

楼梯平面详图 S=1：15

为了让楼梯间和旁边的玄关上为的通风空间相协调，楼梯踏板采用了镂空钢板制造，希望借此来消除楼梯体量感。

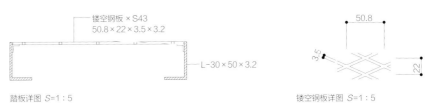

镂空钢板×S43
50.8×22×3.5×3.2

L-30×50×3.2

踏板详图 S=1：5

50.8

3.5

22

镂空钢板详图 S=1：5

POINT：在一个古色古香的老房子里加设的楼梯，为了突出材质的对比性，我们没有使用玻璃而是采用了现代风格十足的镂空钢板建造。我们觉得这样更适合老宅的整体风格，并且镂空钢板间隙投下来的阳光会创造出很好的光影效果。当然，厚重的镂空钢板应该采用什么方式搭建需要认真考虑。

开口控制在50mm，以此保证镂空钢板的强度和安全性。

抬头向上看楼梯，投下来的光影效果非常好。

从二楼看楼梯间。镂空钢板的使用削减了楼梯的体量感，同时也改善了室内通风质量和采光效果。

在6mm厚的镀层钢板支架上铺设了2.5mm厚的橡胶踏板，如果只用钢铁制造楼梯会给人一种冷冰冰的感觉，而柔软的橡胶可以缓和这种冰冷的印象。

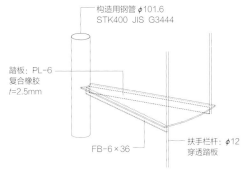

构造用钢管 φ101.6
STK400 JIS G3444

踏板: PL-6
复合橡胶
t=2.5mm

FB-6×36

扶手栏杆: φ12
穿透踏板

踏板平面详图 S=1:20

因为两层室内设计风格截然不同，为了避免楼梯再增繁复感，我们将楼梯涂刷成了黑色，甚至连踏板都使用的是定制的黑色橡胶。

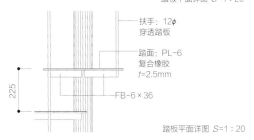

扶手: 12φ
穿透踏板

踏面: PL-6
复合橡胶
t=2.5mm

FB-6×36

225

踏板平面详图 S=1:20

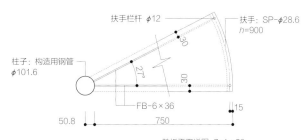

扶手栏杆 φ12

扶手: SP-φ28.6
h=900

柱子: 构造用钢管
φ101.6

30

27°

30

FB-6×36

15

50.8

750

踏板平面详图 S=1:20

通过在第一阶梯段旁设计地窗的方式突出楼梯起点。为了突出踏面的轻薄感，下面的支撑构件比踏面短30mm。

从上方看楼梯。因为楼梯间旁边就是书柜，所以楼梯也兼有取放书的功能。

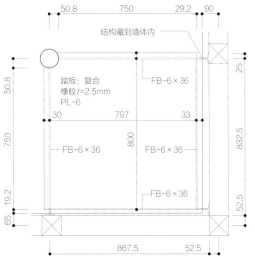

50.8   750   29.2   90

结构藏到墙体内

FB-6×36

25

踏板: 复合
橡胶t=2.5mm
PL-6

50.8

30   797   33

750   800   FB-6×36

FB-6×36

832.5

19.2

FB-6×36

65

52.5

867.5   52.5

休息平台平面详图 S=1:20

抽象风格的楼梯设计

用纤细的钢铁构件设计的连接上下楼及小阁楼的楼梯。扶手采用煤气管建造，显得纤细又平滑。踏步部分则采用聚氯乙烯薄板和桐木板。

POINT 1：虽然这个抽象风格的楼梯由三个部分构成，但是由于共用一根扶手，所以有很强的整体性。

POINT 2：为了创造出像瀑布一样顺滑的流线美感，我们在5mm厚的钢制构架上铺上了涂刷聚氯乙烯的薄踏板。

POINT 3：扶手也采用和支撑构架一样的钢制管制造。比起追求高度相同我们认为不如保其漂亮的弧线。

POINT 4：为了增强起居室和卧室的连通性，这一段楼梯我们使用了桐木板作为踏步材料。

为了让这个充满木质家具的厚重空间显得轻快明亮，我们将楼梯涂刷成了白色。

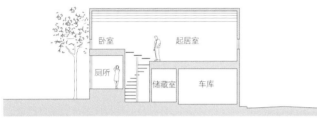

剖面图 S=1：250

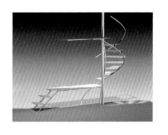

从起居室看卧室。钢管扶手呈现出顺滑的曲线美。因为扶手是一整根钢管，没有连接构件，所以显得更加纤细美观。

从一楼看通风空间。洗漱间设计在上方三楼。楼板使用了4.5mm的超薄木板和聚氯乙烯板建造，所以楼梯显得非常轻快。

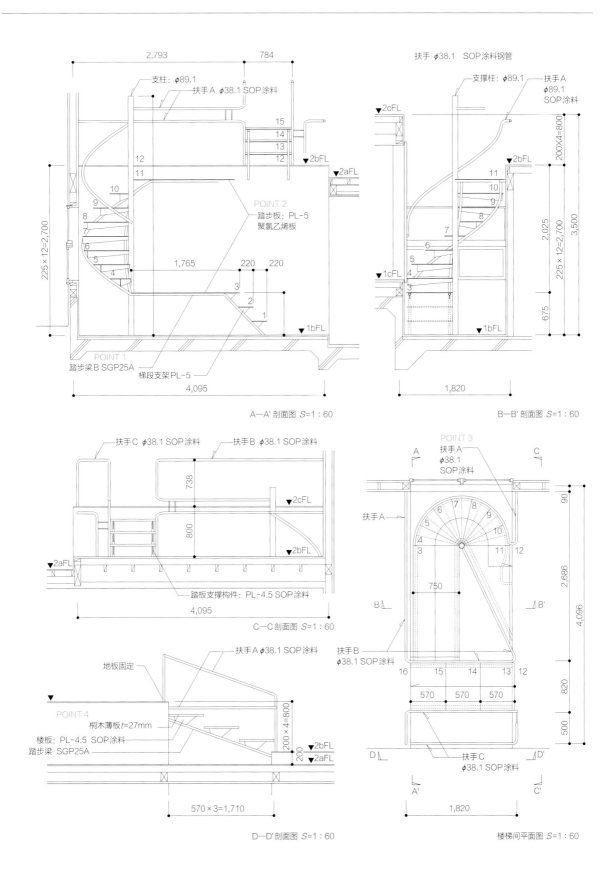

支柱 φ89.1

扶手A φ38.1 SOP涂料

2,793　784

15
14
13
12

12

11

10

9

8

6

5

4

225×12=2,700

1,765

220　220

3

2

1

POINT 2
踏步板：PL-5
聚氯乙烯板

2bFL

2aFL

1bFL

POINT 1
踏步梁B SGP25A

梯段支架PL-5

4,095

A—A' 剖面图 S=1：60

扶手 φ38.1　SOP涂料钢管

支撑柱：φ89.1

扶手A
φ89.1
SOP涂料

2cFL

2bFL

200×4=800

11

10

7

6

4

3

225×12=2,700

2,025

675

3,500

1cFL

1bFL

1,820

B—B' 剖面图 S=1：60

扶手C φ38.1 SOP涂料

扶手B φ38.1 SOP涂料

738

800

2cFL

2bFL

2aFL

踏板支撑构件：PL-4.5 SOP涂料

4,095

C—C 剖面图 S=1：60

POINT 3

扶手A
φ38.1
SOP涂料

A　　C

扶手A

7　8

9

4

10

11　12

750

扶手B
φ38.1 SOP涂料

16　15　14　13　12

570　570　570

B'

B

90

2,686

4,096

820

500

D　　D'

扶手C
φ38.1 SOP涂料

A'　　C'

楼梯间平面图 S=1：60

地板固定

扶手A φ38.1 SOP涂料

POINT 4

桐木薄板 t=27mm

楼板：PL-4.5 SOP涂料

踏步梁 SGP25A

200×4=800

200

2bFL
2aFL

570×3=1,710

D—D' 剖面图 S=1：60

秋千一样的楼梯

剖面图 S=1:250

3层平面图 S=1:250

位于城市中心的这一个住宅，我们以即将飞上天的秋千为概念进行设计。地板采用日本秋千的常见板材建造，为了让楼梯扶手呈现出一种秋千绳的感觉，我们也做了特殊处理。

2层平面图 S=1:250

1层平面图 S=1:250

POINT 3：弯折处由两段直构件焊接而成，没有多余的铆钉等构件，以此来减少杂乱的感觉。

POINT 1：从厨房看楼梯间。扶手从一楼延伸过来，在保证安全性的前提下我们没有设计过多扶手栏杆。

POINT 2：从一楼看向二楼的卧室。因为承重构件和扶手栏杆都做了简化设计，所以无论从上往下看还是从下往上看都能看到整个踏板。以此带给人一种秋千一样的感觉。

POINT 4：从一楼向上看的样子。所有转折处都采用直角形式，使梯段一直保持直线状态，以此来强调秋千的设计概念。

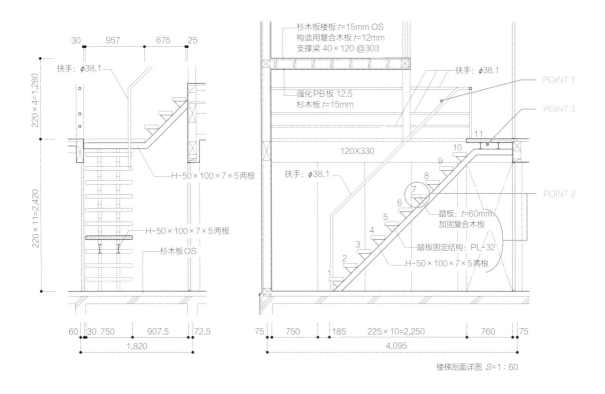

楼梯剖面详图 *S*=1∶60

楼梯是房子的脊骨

　　将楼梯间用半透明的聚碳酸酯板围合，以此来创造出一个独特的空间效果。

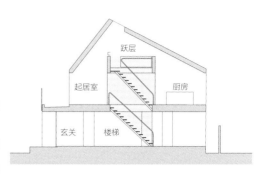

1. 将楼梯间门关闭的样子。关闭之后可以防止热空气上升到二楼，同时也可以防止宠物摔下楼梯。
2. 从一楼向上看楼梯。
3. 打开门的照片。因为楼梯扶手和聚碳酸酯板之间留有一定间隔，所以不会显得空间狭小（POINT 1）。
4. 从玄关看楼梯间。从玄关一进门就能看到的楼梯间一定要注重设计立面效果（POINT 3）。

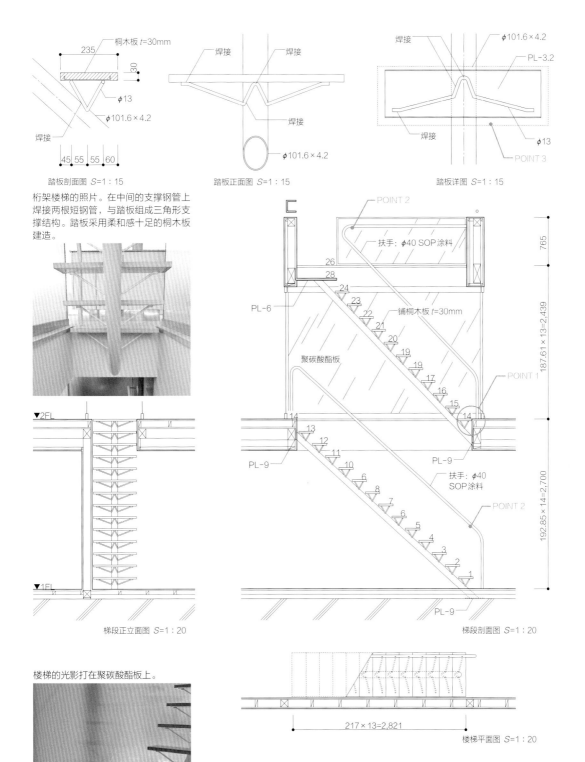

桐木板 *t*=30mm

235

30

*φ*13

*φ*101.6×4.2

焊接

45 | 55 | 55 | 60

踏板剖面图 *S*=1：15

焊接　　焊接

焊接

*φ*101.6×4.2

踏板正面图 *S*=1：15

焊接　　　*φ*101.6×4.2

PL-3.2

焊接

*φ*13

POINT 3

踏板详图 *S*=1：15

桁架楼梯的照片。在中间的支撑钢管上焊接两根短钢管，与踏板组成三角形支撑结构。踏板采用柔和感十足的桐木板建造。

POINT 2

扶手：*φ*40 SOP 涂料

765

26
28

PL-6

24
23
22
21
20
19
19
17
16
15
14

铺桐木板 *t*=30mm

聚碳酸酯板

POINT 1

14

187.61×13=2,439

▼2FL

PL-9

13
12
11
10
8
6
6
4
3
2
1

PL-9

扶手：*φ*40 SOP涂料

POINT 2

192.85×14=2,700

▼1FL

PL-9

梯段正立面图 *S*=1：20

梯段剖面图 *S*=1：20

楼梯的光影打在聚碳酸酯板上。

217×13=2,821

楼梯平面图 *S*=1：20

POINT 1：通过在地板和第一节踏板之间留出 10mm 的空隙来强调楼梯的起点。

POINT 2：楼梯的支撑结构由中间的粗钢管和支撑踏板的两根小短钢管焊接而成，由此呈现出一个很漂亮的像脊骨一样的结构。使用钢管作为扶手材料时可以弯曲加工出漂亮的曲线。

POINT 3：踏步板下伸出的铁质支撑结构突出木板的存在感，以此来削减铁质构件带给人的冰冷感。

创造宽敞的楼梯间

2层平面图 S=1：250

1层平面图 S=1：250

为了在楼梯间留出足够的空间以便举行小型个人音乐会和家庭聚会，我们设计了这个宽敞的楼梯间。同时在楼梯间四周设计了很多窗户来照亮这个楼梯间。

从玄关看向像表演台一样的楼梯间。为了配合中间的小暖炉，楼梯的承重结构和扶手都使用黑色材料。踏板则采用复合木板建造，与枫木地板相协调。一进入玄关就能看到的这个空间因为上方有多扇窗户，显得十分明亮。

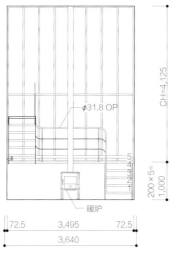

展开图 S=1：100

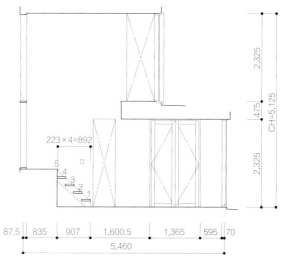

展开图 S=1：100

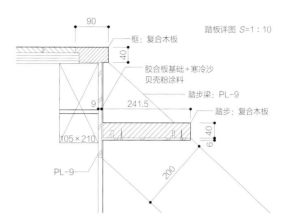

踏板详图 *S*=1：10

框：复合木板

胶合板基础＋寒冷沙
贝壳粉涂料

踏步梁：PL-9

踏步：复合木板

90
40
9
241.5
105×210
200
6 40
PL-9

POINT：楼梯应是具有流动感的构件，而扶手的设计可以增加这种流动感。扶手弯折部位的做工会直接影响这种流动感，所以对于这个部位的加工，设计师一定要现场指导，不能画完图就不了了之。

站在楼梯不同高度可以感受不同的光影效果，户主可以享受在不同高度演奏的乐趣。

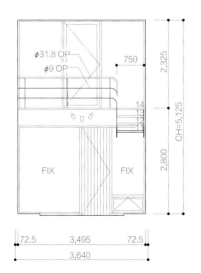

ϕ31.8 OP
ϕ9 OP
750
14
13
12
2,325
2,325
CH=5,125
2,800
FIX
FIX
72.5
3,495
72.5
3,640

展开图 *S*=1：100

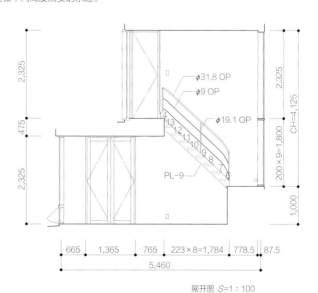

2,325
475
2,325
ϕ31.8 OP
ϕ9 OP
ϕ19.1 OP
14
13
12 11 10 9 8 7
PL-9
2,325
200×9=1,800
CH=4,125
1,000
665
1,365
765
223×8=1,784
778.5
87.5
5,460

展开图 *S*=1：100

楼梯是家中的道路

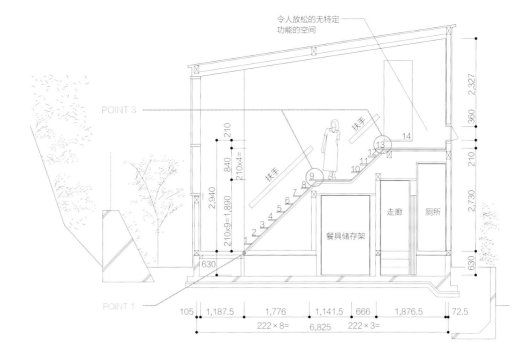

令人放松的无特定功能的空间

POINT 3

扶手

扶手

餐具储存架

走廊

厕所

POINT 1

105 | 1,187.5 | 1,776 | 1,141.5 | 666 | 1,876.5 | 72.5

222×8= 6,825 222×3=

一楼是瓷砖铺地，而二楼则采用白色木板铺地。因此在连接这两层的楼梯倾斜构件上铺贴了瓷砖，而水平的踏板则使用了水曲柳复合木板建造，以此来协调两种不同的风格。通过独特的踏板设计将楼梯间营造出一种轻快的感觉。

POINT 1：铺贴瓷砖的楼梯斜向部分和墙壁同始同终，看上去非常整齐美观。

POINT 2：为了让瓷砖贴面的倾斜部分和木质踏板呈现出同样的力度感，在踏板两端和墙壁之间设计了50mm的缝隙。

POINT 3：为了达到和第二点相同的效果，第九节和第十三节台阶直接安装在倾斜部分的上面。

POINT 4：从楼梯再向上一小段就是室外道路，梯段两侧空出的一部分距离，强调了梯段下方的倾斜构件。

POINT 5：道路地板的边框和梯段同厚，所以看上去非常协调。

POINT 6：为了照亮脚下空间但又不想将灯具安装在墙上以显得累赘，所以将灯具设计在扶手下面。由此创造出简单干净的空间。

从二楼向下看楼梯。楼梯和二楼连接处设计了一段高差。

由计算机模拟的台阶和墙壁的关系。（POINT 2）

楼梯与墙壁同始同终。（POINT 1）
扶手下的照明设备。（POINT 6）
（摄影：村田昇）

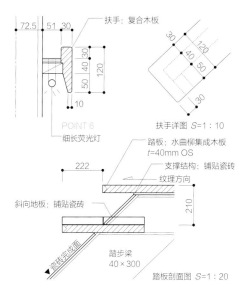

扶手：复合木板

POINT 6
细长荧光灯

扶手详图 S=1：10

踏板：水曲柳集成木板
t=40mm OS

支撑结构：铺贴瓷砖

纹理方向

斜向地板：铺贴瓷砖

踏步梁
40×300

瓷砖完成面

踏板剖面图 S=1：20

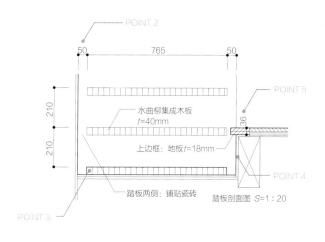

POINT 2

POINT 5

水曲柳集成木板
t=40mm

上边框：地板 t=18mm

POINT 4

踏板两侧：铺贴瓷砖

踏板剖面图 S=1：20

POINT 3

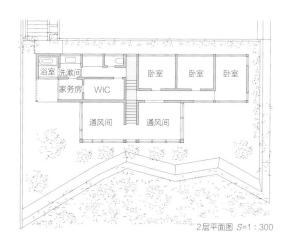

梯段细节，木板和瓷砖的材质对比。（POINT 5）

浴室　洗漱间
家务房　WIC
通风间　通风间
卧室　卧室　卧室

2层平面图 S=1：300

具有展示功能的楼梯间

从一楼到三楼直通的楼梯墙面设计成展示柜，这个展示柜可以摆放户主的所有收藏品。楼梯间设计的不同功能，展现出这一家人的生活特点。

1. 向下看楼梯。右手边摆满充满回忆的各种收藏品，左手边则象征未来的生活，回忆和未来在这个空间交织。
2. 每走一步都可以欣赏到不同的收藏品。展示柜没有直接伸到天花板，而为未来增添的收藏品预留了空间。

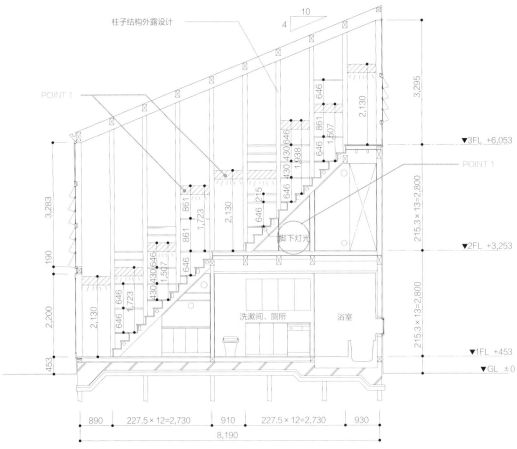

楼梯间剖面图 S=1：100

从一楼一直通到三楼的楼梯。如果只设计为一条直线就会显得很无趣，所以扶手设计成轻柔的曲线形状，为这个空间增加了曲线元素。

POINT 1：楼梯上的灯光考虑了从下到上和从上到下的目光而设计成为隐蔽的样式，照亮脚下的灯光也同理，采用间接照明避免了眩光问题。

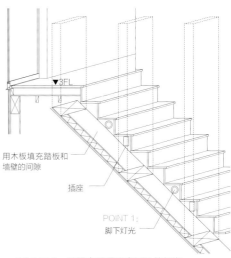

▼3FL

用木板填充踏板和墙壁的间隙

插座

POINT 1：脚下灯光

POINT 2：既没有设置照亮展品的灯光，也没有将其他部件安装在与展示柜相对的扶手一侧，而是将这些都设计在展示柜一侧，希望通过这种手法强调两侧的对比性。

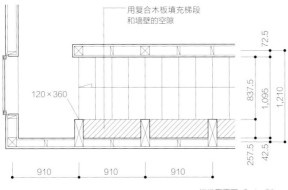

用复合木板填充梯段和墙壁的空隙

120×360

72.5
837.5
1,095
1,210
257.5
42.5

910 910 910

楼梯平面图 S=1∶50

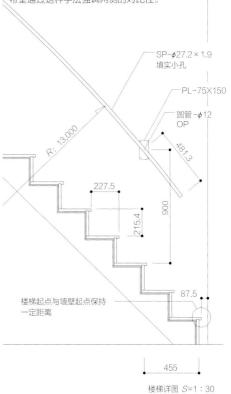

SP-φ27.2×1.9
填实小孔

PL-75X150

圆管-φ12
OP

R: 13.000

481.3

227.5

215.4

900

楼梯起点与墙壁起点保持一定距离

87.5

455

楼梯详图 S=1∶30

越向上越宽阔的楼梯间

由于楼梯间的一面墙壁是倾斜的，所以楼梯间呈现出越往上走越宽阔的形状。从安静的一楼进入楼梯间会有一种被迅速吸引至二楼的感觉。

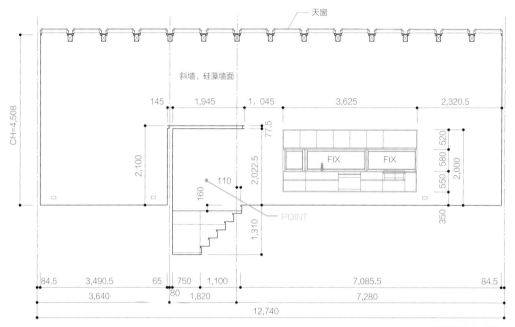

天窗

斜墙，硅藻墙面

CH=4,508

145　1,945　1,045　3,625　2,320.5

2,100

2,022.5

77.5

FIX　FIX

550 580 520　2,000

350

160　110

POINT

1,310

84.5　3,490.5　65　750　1,100　7,085.5　84.5

3,640　80　1,820　7,280

12,740

展开图 S=1：100

1 **2**

1. 去往起居室、餐厅、厨房的入口。安静的空间和明朗开敞的空间对比成为这个住宅的特色。
2. 从二楼通向门厅的楼梯间。斜墙的白色、茄子色涂料及木质纹理创造出一种奇幻的感觉，楼梯间好像是通往另一个世界的入口。（摄影：平井广行）

1. 包围楼梯间的壁柜，这些壁柜同时也分割了起居室、餐厅、厨房的空间。我们将楼梯间高度控制在2.1m，所以一出楼梯间就会有种豁然开朗的感觉。

2. 从入口看楼梯间。在安静沉稳的一楼空间中，这一面斜墙好像有股特殊的魔力吸引人上楼。（摄影：平井广行）

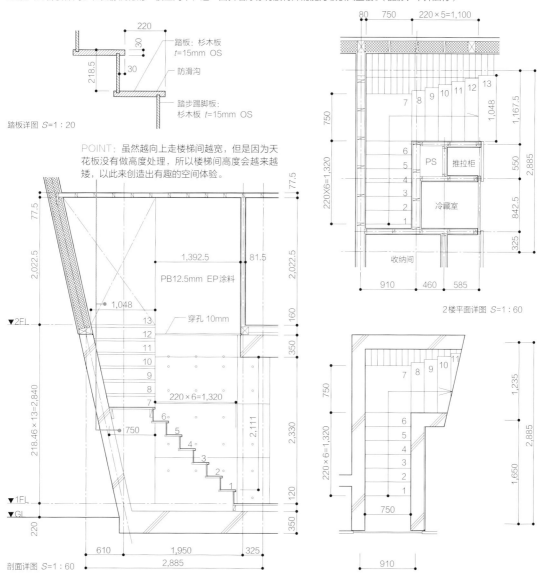

踏板：杉木板
t=15mm OS

防滑沟

踏步踢脚板：
杉木板 t=15mm OS

踏板详图 S=1：20

POINT：虽然越向上走楼梯间越宽，但是因为天花板没有做高度处理，所以楼梯间高度会越来越矮，以此来创造出有趣的空间体验。

PB12.5mm EP涂料

穿孔 10mm

220×6=1,320

剖面详图 S=1：60

2楼平面详图 S=1：60

PS

推拉柜

冷藏室

收纳间

在边角插入的楼梯间

在杉木壁橱和墙壁中间的缝隙里塞入的楼梯间。我们在已经建造好主体结构的施工现场和工人商量:"虽然没有施工图,但是我想建造这种楼梯。"令人高兴的是,工人爽快地给予了我们回复。于是就建造出了这个具有日本传统木工风格的楼梯间。

1. 包括扶手在内,楼梯全部采用同样的木板建造。窗上的竖向边框和壁橱横向的条路形成对比。
2. 从顶部投射下来的阳光温柔地照射在楼梯上。楼梯使用了和周边结构一样的木材制造。木材的纹理在白墙的衬托下显得温柔近人。

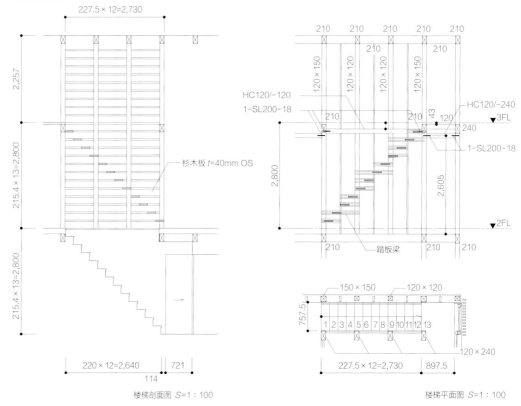

楼梯剖面图 S=1:100

楼梯平面图 S=1:100

施工时的踏板照片。

板子上设计8mm深的凹槽

柱子上设计10mm深的凹槽

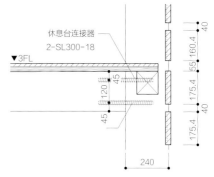

休息台连接器
2-SL300-18

▼3FL

杉木板墙壁详图 S=1：20

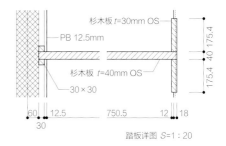

杉木板 t=30mm OS

PB 12.5mm

杉木板 t=40mm OS

30×30

踏板详图 S=1：20

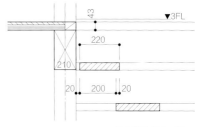

▼3FL

踏板详图 S=1：20

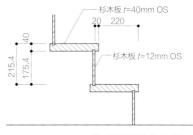

杉木板 t=40mm OS

杉木板 t=12mm OS

第一阶踏板详图 S=1：20

从二楼看通向三楼的楼梯。虽然没有设计龙骨，但是杉木板与墙壁牢固固定，人走在楼梯上并不会发出咯吱咯吱的声音。

格栅状的踏板不影响采光

虽然建筑上层有天窗采光，阳光充沛，但是中间层有很多空间不能得到充足的光照。因此我们把楼梯间的踏步板设计成了格栅状的，使天窗照射进来的光可以照亮下层空间。

为了让楼梯间呈现轻快明亮的感觉，我们最开始考虑用铁质构件建造，但考虑到人走上去的触感问题而改为木质楼梯。光线可以通过格栅状的木质踏板照射到下一层。虽然从玄关上两步楼梯就会到一个几乎没有光照的楼层，但是抬头向上看会发现温柔的光从楼梯间上方铺洒下来，因此并不显压抑。

POINT 2：因为踏板上起承重作用的木条实际上只是前后两根，所以如果踏板上的木条全部使用22mm宽的松木条，就会有潜在的安全隐患，因此前后端的木条我们改成了40mm宽的松木材。

POINT 1：通过细条木板间隔的摆放创造出一种轻快的感觉。

松木材 22×45 @40

仿地毯铺
地卷材
构造用复合板 t=12mm
短梁
构造用复合板 t=24mm

283.75
40　243.75

▼6FL（阁楼）
70
180
22

松木材 22×45 @40.6

191.67

PB12.5mm

105×180

PB t=9.5mm

▼5FL（阁楼）

构造用复合板
外露 t=24mm

105×180外露

格栅桁架：松木材

POINT 3：楼梯和墙面连接的部分，如果结构过于厚重会影响视觉效果，但是反过来如果结构轻薄又有断裂的风险，所以这一部分一定要在楼梯设计中特殊强调出来。

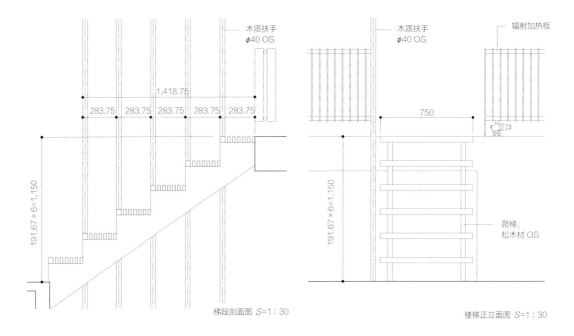

木质扶手
ϕ40 OS

1,418.75
283.75　283.75　283.75　283.75　283.75

191.67×6=1,150

木质扶手
ϕ40 OS

辐射加热板

750

191.67×6=1,150

爬梯：
松木材 OS

梯段剖面图 S=1：30

楼梯正立面图 S=1：30

从餐厅看向楼梯间。格状门后面是儿童用房。因为采用了日本传统的障子门，所以楼梯间明亮宽敞。

剖面图 S=1：150

从儿童用房看楼梯间。上方是餐厅，下方是卧室、厕所。当时设计这个明亮的楼梯间也是为了避免在昏暗的楼梯间上下楼梯时会有的安全问题。

平面图 S=1：300

桌子上的楼梯

为了节省空间，我们设计了这个第一节是活动的台阶，而第二节台阶延伸为桌子的特殊楼梯间。由这个特殊的楼梯设计，成功地将楼梯间控制在了一个 1.8m 宽的小空间中。

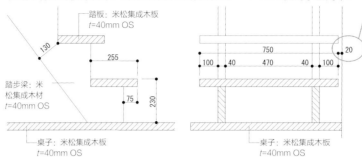

POINT：虽然桌子和墙壁看上去是一个整体，但实际上楼梯踏板没有直接伸到墙里，而是和墙壁保留了 20mm 的空隙。

踏板：米松集成木板 t=40mm OS

踏步梁：米松集成木材 t=40mm OS

桌子：米松集成木板 t=40mm OS

桌子：米松集成木板 t=40mm OS

楼梯详图 S=1：20

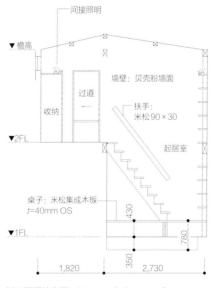
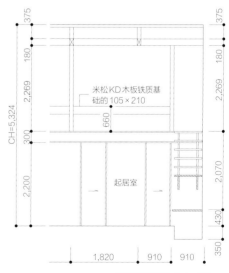

1. 从起居室侧看向楼梯间的照片。米松制造的楼梯和周围家具融为一体，营造出传统日本住宅的氛围。
2. 楼梯下的桌子平时当作书桌使用。为了保持一致性，楼梯梁和踏步板、桌子都采用40mm厚的木板建造。

间接照明

▼檐高

墙壁：贝壳粉墙面

过道

收纳

扶手：米松90×30

起居室

▼2FL

桌子：米松集成木板 t=40mm OS

▼1FL

米松KD木板铁质基础的105×210

起居室

CH=5,324

（96页照片来源：Nacasa & Partners）

楼梯周围展开图 S=1：100

和上一节一样都是第二节台阶兼做桌子的楼梯。通过在墙壁中预埋铁质基础的方式建造了这个悬挑的楼梯。因为平时使用频率不高，所以楼梯倾角很大。

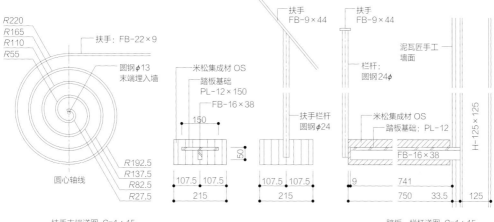

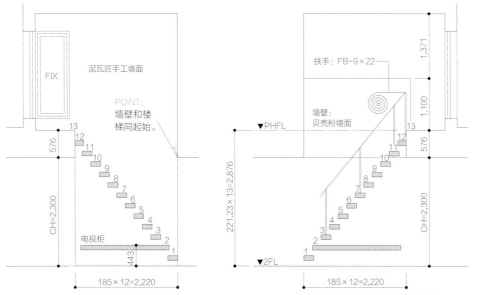

1. 扶手末端我们设计成了圆圈的样子。既像男主人热爱的音乐唱片，也像可爱的小孩转圈跑步的足迹。
2. 因为楼梯一侧没有墙壁，有碰头的危险，所以我们在下方设计了书桌来防止人在此走动。
3. 从下方看楼梯，可以观察到踏板宽度和踏板间间隙宽度的比例关系直接影响整个楼梯的视觉效果。

R220
R165
R110
R55

扶手：FB-22×9

圆钢φ13
末端埋入墙

R192.5
R137.5
R82.5
R27.5

圆心轴线

扶手末端详图 S=1：15

扶手
FB-9×44

扶手
FB-9×44

米松集成材 OS
踏板基础
PL-12×150
FB-16×38

150

扶手栏杆
圆钢φ24

107.5　107.5
215

泥瓦匠手工
墙面

栏杆：
圆钢24φ

米松集成材 OS
踏板基础：PL-12
FB-16×38

H＝125×125

50

107.5　107.5
215

9　741
750　33.5　125

踏板、栏杆详图 S=1：15

FIX

泥瓦匠手工墙面

POINT：
墙壁和楼梯同起始。

13
12
11
10
9
8
7
6
5
4
3
2
1

576

CH=2,300

电视柜
443

185×12=2,220

（照片来源：Nacasa & Partners）

扶手：FB-9×22

▼PHFL

墙壁：
贝壳粉墙面

1,371

1,100

13
12
11
10
9
8
7
6
5
4
3
2
1

221.23×13=2,876

576

CH=2,300

▼2FL

185×12=2,220

楼梯附近展开图 S=1：80

铁质基础的悬挑楼梯

第 2 章
起居室

餐厅是吃饭的地方，厨房是做饭的地方，那么起居室呢？

仔细想想会发现起居室是一个住宅中唯一不具有特定功能的空间。在日语中起居室写作"居间"，字如其意，起居室在日本就是"居"的空间，也就是没什么事情要做的时候可以待着的地方。因此我想将起居室设计成可以让人放松、发呆的地方，而不仅仅是一个没有功能的大空间。

在"南向信仰"很强的日本，经常会将会客用的起居室设计成南向的，并且多数兼有通风室的功能，这样设计真正符合实际需求吗？其实起居室是一家人茶余饭后闲聊的地方，所以晚上的使用频率比较高，因此日照设计对于起居室来说可能并没有那么重要。又有一种说法称，人们越靠近地板越有安全感和放松感，所以起居室的层高我希望能控制在让人们想要坐在地板上活动的高度。在我的设计中，即使起居室兼有通风室的功能，也会专门设计一片低矮的天花板。或者在旁边增设一个低矮的空间，来创造出这种安全感的空间。因此我认为起居室没有必要一定设计为南向，更重要的是如何创造出一个让人安心放松的空间。

另外，为了增加起居室带给使用者的舒适性，起居室一定要设计成户主家人喜欢的样子。所以起居室的家具我一般不做设计，而是交给户主家人自行选择，希望他们能自主装饰这个空间，把它改造成自己喜欢的样子。即使因为不懂设计导致最后略显杂乱，只要是摆满户主挑选的家具也会呈现出一种独特的魅力。

我所追求的理想的起居室，是建筑师兼设计师的伊姆斯夫妇（近代史上具有传奇色彩的美国设计师夫妇）住宅的起居室。在兼做通风室的起居室一侧设计了低矮的天花板，由此区分出来的小空间里布置了沙发和茶几等家具。坐在这个沙发上环顾四周，会有一种被包围的感觉，让人十分安心。另外在起居室的墙面上挂满了夫妇从世界各地收集的收藏品。这些收藏品散发出一种温馨感，让到访的客人感受到夫妇的热情和亲切。

起居室绝不是设计师通过图纸画出来的空间，而一定是实际使用者在建成后的生活中慢慢改造、渐渐完成的空间。

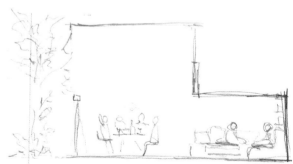

>LIVING

1

2

1. 为了保证家庭活动空间的温馨感而控制了天花板的高度。楼梯间的隔墙设计得比扶手略高一些，扶手防止了上下楼的视线交流。
2. 从餐厅看向起居室。上方的吊灯照亮餐桌。

为了区分出孩子们的娱乐起居室和会客用的起居室，我们调整了两个起居室的天花板的高度。在这种高度不断变化的空间中，体验者站在每一个不同的地方都会有完全不同的感受。

随时间变化的家庭用起居室

2层平面图 *S*=1：250

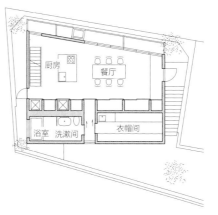

1层平面图 *S*=1：250

POINT：虽然起居室的墙壁只有1.8m高，但出现在其视线上方的天花板，增加了空间的整体感。

剖面图 *S*=1：250

从起居室向下看餐厅和厨房。厨房好像藏在了餐厅的地板之中，即使地板同高也能通过调整天花板高度来区分空间。

会客用起居室和家庭用起居室

针对客人非常多的家庭设计起居室时，可以考虑直接将其放在玄关旁边，以此保证内部空间的隐私性。由起居室通过楼梯间到达内部的家庭使用空间，在这个内部空间的厨房旁，我们另设了一个家庭用起居室。

从玄关进入起居室，视线豁然开朗。靠近山体的东南侧我们开了8m宽的大玻璃窗，房间就像开了个大洞一样将外面的自然景色毫无保留地引入室内。（照片来源：Nacasa & Partners）

剖面图 *S*=1：250

壁橱

起居室　玄关

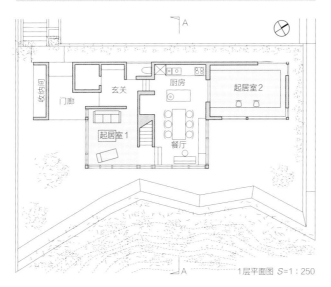

收纳间

门廊

玄关

厨房

起居室2

起居室1

餐厅

A

A

1层平面图 *S*=1：250

厨房、餐厅、起居室、玄关构成了一个环形流线。

沿着落地窗从厨房看向会客用起居室。

雨后温柔的阳光和周边的绿植一起包围整个起居室。

和会客用起居室形成强烈风格对比的家庭用起居室。这个家庭用起居室围合感很强，在几乎封闭的墙壁上开的横向低窗让人感觉下面的树木就在眼前。（摄影：村田昇）

POINT：被绿色环绕的会客用起居室通过三段楼梯和餐厅，厨房分割，构成环形流线。在厨房更深处的家庭用起居室是一个非常安静、沉稳的空间。

■基本构想

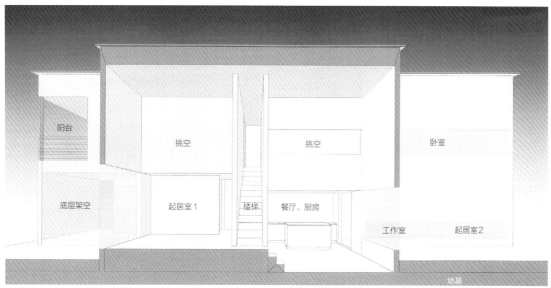

厨房、餐厅和会客用起居室没有使用墙壁分割，而代以三段台阶模糊地区分。

可以享受自由时光的阳台式起居室

面向日本传统庭院的阳台式起居室，给人一种古色古香的感觉。起居室温柔地面向庭院开口，让坐在其中的人可以悠闲地享受属于自己的时光。

1层平面图 S=1:250

从庭院看向房子。厨房和玄关家具的隐藏式设计让空间显得通透开敞。

从玄关看起居室。虽然玄关面积占了很大一部分，但是可以打开玄关门来增加起居室的空间感。

POINT：通过大面积落地窗的设计增加室内外连续感。

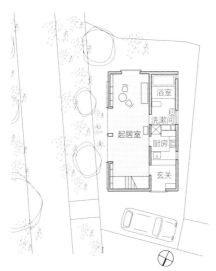

1层平面图 S=1:250

通过墙壁、地板、柱子和梁的深色设计，让建筑边框起到框景的作用。坐在这个起居室中可以充分享受只属于自己的时光。（照片来源：Nacasa & Partners）

在这个住宅中我们设计了像小花园一样的一楼起居室和注重隐私的二楼起居室。户主可以根据不同时间的不同心情在两个风格不同的起居室中消磨时间。

1. 起居室我们采用了传统的榻榻米风格设计，被褥收起后打开卧室门，榻榻米会与起居室融为一体，营造出温馨的空间感。

2. 二楼的起居室通往三楼的隐私空间，所以设计得更私密一些。（照片来源：Nacasa & Partners）

1层平面图 S=1：250

2层平面图 S=1：250

高差不同的房间由统一的推拉门设计增加了整体感。

一楼是活动性的空间。紧靠手工间和玄关的起居室兼做展厅，建筑整体以日本传统小庭院为概念进行设计，这里可以成为邻里交流的地方。

铺贴唐纸的家具背后的展厅（起居室）。因为这个朝向上没有道路，所以可以开一片大窗户。根据推拉门的开关可以营造出不同的室内空间氛围。

剖面图 S=1：200

连续跃层的室内空间①

通过在起居室和厨房、餐厅之间设计高差的方式，区别"吃饭"的空间和"休息"的空间。

兼做承重结构的隔墙另一侧是带烤箱的厨房。左边连续的窗户和收纳柜将起居室及厨房的空间连续起来。
（104页照片来源：Nacasa & Partners）

从起居室一角的书房看向起居室和餐厅。窗户下面的灯光设计照亮起居室和餐厅，这个空间未来有可能增添家具，增添家具后起居室会变得更加温馨。

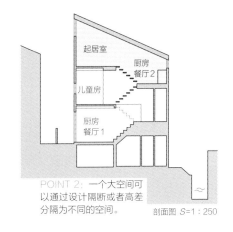

POINT 1：考虑周边建筑的视线影响之后设计的开窗位置。

POINT 2：一个大空间可以通过设计隔断或者高差分隔为不同的空间。

剖面图 S=1：250

平面图 S=1：250

位于建筑中央直通三楼的楼梯间连接了高度不同的LDK空间。整个建筑根据高度不同划分成了很多小功能空间，在厨房上的空间并没有固定其使用功能，可以根据户主实际需要随机安排功能。

连续跃层的室内空间②

3层平面图 S=1：250

2层平面图 S=1：250

1层平面图 S=1：250

剖面图 S=1：250

POINT：跃层的设计使室内空间有一种纵向的延伸感，楼梯的扶手我们没有设计过多的纵向栏杆，而以一根横向圆钢扶手代替，防止纵向感过度导致室内失去视觉平衡。

1. 餐厅的通风空间和楼梯一侧的起居室都面向阳台。
2. 从厨房看上方的起居室和下方的儿童房。由楼梯间连接的多个房间构成了整个家庭的生活流线。
3. 母亲在厨房做饭时也能观察到孩子的活动状态，增加室内安全性。（照片来源：Nacasa & Partners）

角落里的起居室

位于一个小角落的只有两个榻榻米大小的起居室，天花板高度和墙壁材质的选择强调了其存在感。与朋友闲聊时，被结构所包围往往会带给人们很强的舒适感。

POINT：餐厅和起居室通过不同的墙面材料分割。

1. 建筑外观照片。起居室位于半地下部分。

2. 半地下的小庭院成为起居室向外延伸的空间。

剖面图 S=1：250

地下室平面图 S=1：250

墙面材质的区别强调起居室的存在感。低矮天花板的起居室在旁边吊灯的温柔光照下，散发出一种让人安心的感觉。

如果起居室的天花板可以设计得低一些，坐在这里的人就会有一种后背被墙壁所保护，头顶被天花板所保护的感觉。在起居室的旁边摆放家人喜爱的小玩具、小收藏品，可以进一步增加安全感与温馨感。没有固定功能的起居室是一个可以由居住者自己设计改造的私密空间。

休闲型起居室的天花板要低一些

剖面图 S=1：250

通过起居室上方的跃层设计，增加了空间的宽阔感。同时也改善了室内的通风和采光质量。

POINT：建筑周围的灯光温柔地照亮了被白墙、实木和磨砂玻璃所包围的起居室。

1. 从起居室上方的跃层空间向下看起居室前面朝南的自由空间。

2. 和平面的环状空间流线相对应，剖面也由自由空间、跃层空间、厨房、餐厅、起居室构成一个流动的环形空间。沿建筑短边方向设计的灯光照亮着整个室内空间。

在朝南的自由空间里可以享受日光浴；一片磨砂玻璃隔离开了这里和起居室，使照射到起居室内的阳光变得更温柔。让起居室有一种安心感。

跃层平面图 S=1：250

2层平面图 S=1：250

第 2 章

厨房

　　睡觉和吃饭是一个人一天中最基本的两种行为。饭前准备工作和饭后收拾工作时的闲聊，是餐桌交流的序言和延续。因此，我们可以说厨房也是一个交流空间。因为这个特殊的属性，厨房的设计在一所房子中也是重中之重的部分。是放在空间的中心？还是设计在主要空间的一角呢？又或是和储藏室等收纳空间并列设计呢？厨房的设计值得我们认真考虑。

　　最近身边很多年轻人都养成了衣来伸手、饭来张口的不好习惯，家人辛辛苦苦做的饭在他们眼中就和餐厅端上来的饭菜一样，完全不知其背后的制作艰辛，如果能让吃饭的人看到做饭的全过程，或许能让他

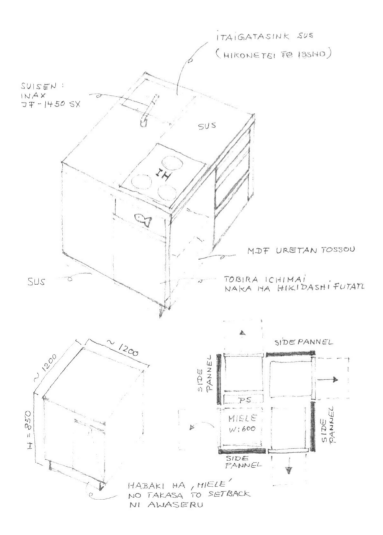

们体会到做饭并非易事，也让饭菜能吃起来更可口些。或许因此对做饭产生好奇，增加一个爱好也并非空谈。这么考虑的话我认为开放式厨房要比封闭式厨房更适合现代的家庭，因此我一般喜欢将厨房和餐厅、起居室等空间进行一体式设计。

开放式厨房的一个共有问题是气味扩散，但是我们换一个角度讲，如果设计一个合适的抽油烟机控制住有害物质的扩散，剩下的做饭时扩散的香味难道不会增加用餐者的食欲吗？所以我认为不要一概而论地将开放式厨房的气味扩散看成是一个负面因素，而更应该根据不同的情况设计相应的厨房。

在日本"一同吃饭"自古以来就被当作一个重要的社交活动，在现代这个习惯也没有完全消失，比如大家一起烧烤，或是吃火锅，这种多人共同进餐的行为，就被当作一种重要的社交行为。所以我认为吃饭的场所——餐厅，可以被当作一个住宅的中心空间进行设计。

人员聚集，共同进餐的餐厅会产生很多热量，因此有时比起起居室，可能餐厅更需要一个上下通透的通风空间，又或通风室。对于料理来说，色香味的"色"是很重要的一个构成要素，因此在天花板很高的餐厅，如何设计房间的照明系统就是一个很重要的话题，照明系统的设计效果会直接影响进餐的愉悦度。

既然谈到了烧烤和火锅，我们不妨谈论一下餐桌的设计。很多人一起享用美食时，现代人更喜欢在不用顾忌上下辈、等级关系的自由环境下进餐，这一点已经和过去完全不同。因此，比起当下不知为何流行的长方形餐桌，我认为如果面积允许，圆形餐桌或许更适合现代人的就餐习惯。圆形餐桌还有一个有趣的特性，那就是多人用的圆形餐桌即使只有一两个人坐着吃饭也不会显得孤单空旷。比起面对固定的人进餐的方形餐桌，可以自由改变视角方向的圆形餐桌难道不更有趣么？

厨房收纳空间和储藏室的设计重点是如何保证其便利性。不只是食材和调味料，一个完整的厨房应该有相应的厨具甚至电器的储藏空间。所以我们要设计既能合理放置这些物件，又便于收取的收纳空间。

厨房设计中最难的一点是冰箱的放置。一般来说厨房是以横向线条和流线为主的，所以纵向线条感很强的冰箱如何不破坏整个厨房的协调感，就是一个大问题。一般我会设计一个足够大的收纳空间，将冰箱放置其中，而不是直接放在厨房里。增加收纳空间的面积绝非被逼无策之举，增加的收纳面积既可以更合理地收纳杂物，又增加收取的便利度，使其便于打扫，一个干净的收纳空间绝对会增加料理的愉悦度。基本上为了让收纳空间更便于打扫，也为了减少收纳空间的杂乱感，我都会将收纳空间的门设计成没有把手的推拉门。

根据我多年的设计经验，一些户主之所以犹豫要一个开放式厨房还是封闭式厨房，是因为担心开放式厨房会显得脏乱，影响到整个住宅的氛围。所以如果要采用开放式厨房，那么如何使厨房更便于打理就是一个重要的设计要素。

高度合适的吊顶，大小正好的操作台，可以同时多人操作的空间，这些将共同构成一个温馨、充实的厨房空间。

>KITCHEN

回形的私人开放式厨房

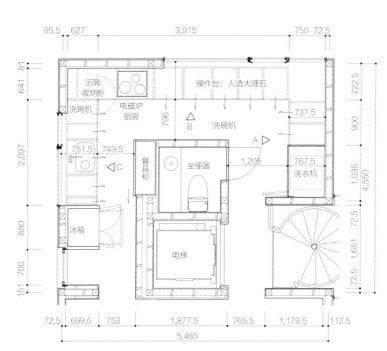

被电梯井、起居室和餐厅分隔的私人厨房呈回形平面。从起居室完全看不到厨房水槽，根据主人的要求我们在这里设计了安装计算机的空间，将厨房的小角落改造成小型书房。因为这些空间在建筑二楼，为了更好地处理流线问题，我们增设了厨房到室外的直通通道。

平面图标注：
回转收纳柜、洗碗机、电磁炉、厨房、操作台：人造大理石、洗碗机、餐具柜、坐便器、洗衣机、冰箱、电梯

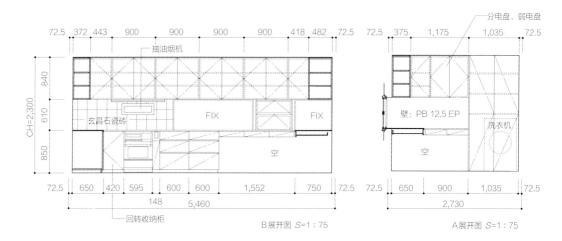

抽油烟机
玄昌石瓷砖　FIX　FIX　空
回转收纳柜
B展开图 *S*=1：75

分电盘，弱电盘
壁：PB 12.5 EP　洗衣机
空
A展开图 *S*=1：75

为了增加空间的利用率，我们在厨房空间一角设计了储藏间。同时设计了一个宽敞的操作台，让户主可以在此安置计算机和种植小盆栽。

在灶台上设计的吊柜可以收纳大量的餐具和盆栽工具。为了让整个空间不显杂乱，我们将抽油烟机的上半部安装在吊柜里。

从起居室看厨房。桌子后面的木板是电梯间隔断。厨房和家务空间则围绕其而设计。回形空间可以让人在流通的流线中工作，这会增加整个空间的流动感，提高工作效率。（摄影：石井雅义）

平面图 *S*=1∶250

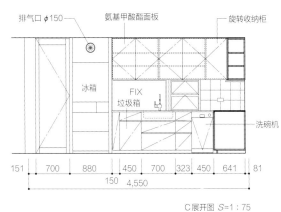

C展开图 *S*=1∶75

从餐厅延续过来的起居室。这里是一个拥有落地窗的明亮通风空间。
（摄影：石井雅义）
（可对照259页）

设备间也增设了摆放厨具的地方。
（摄影：石井雅义）

兼顾通风室的Ⅰ型厨房

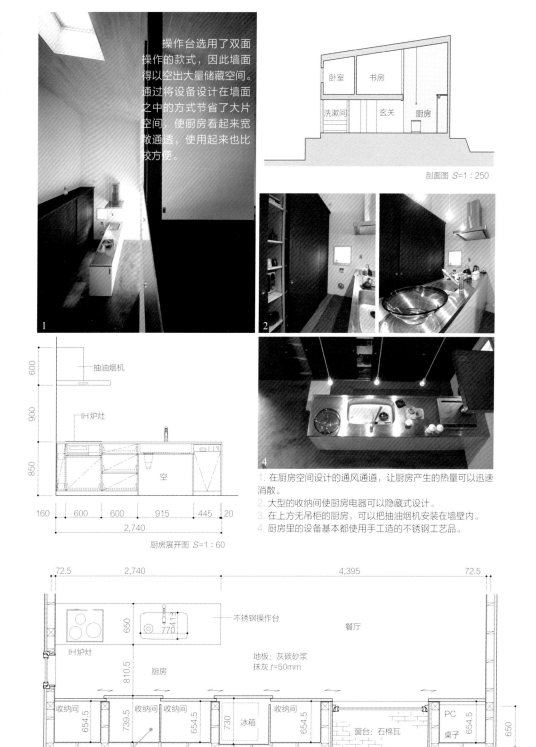

操作台选用了双面操作的款式，因此墙面得以空出大量储藏空间。通过将设备设计在墙面之中的方式节省了大片空间，使厨房看起来宽敞通透，使用起来也比较方便。

剖面图 *S*=1:250

卧室　书房

洗漱间　玄关　厨房

抽油烟机

IH炉灶

空

600

900

850

160　600　600　915　445　20

2,740

厨房展开图 *S*=1:60

1. 在厨房空间设计的通风通道，让厨房产生的热量可以迅速消散。
2. 大型的收纳间使厨房电器可以隐藏式设计。
3. 在上方无吊柜的厨房，可以把抽油烟机安装在墙壁内。
4. 厨房里的设备基本都使用手工造的不锈钢工艺品。

72.5　2,740　4,395　72.5

不锈钢操作台

餐厅

650

413

770

IH炉灶

810.5

厨房

地板：灰碳砂浆
抹灰 *t*=50mm

收纳间　收纳间　收纳间　冰箱　收纳间　窗台：石棉瓦　PC　桌子

654.5　739.5　654.5　730　654.5　654.5

650

910　1,820　1,820　1,820　910

7,280

厨房周围平面图 *S*=1:60

POINT：设计在墙面里的储藏空间减少了建造开支，又由于具有很大容积，所以各种电器设备都可以安装在其中。

POINT：厨房的操作台一直伸
到起居室，增加了空间的延续
感，使计算机等家用器具的安
装变为可能。

地下室平面图 S=1：250

越是使用频率高的厨房越容易堆积物品。
因此厨房收纳间的设计非常重要。这个厨房周
围的半封闭设计及直通室外的后门，增加了空
间的流动感。

拥有大面积操作台的私人厨房

从起居室看厨房。因为开的是高侧窗，所以下方空
间可以随意利用。可以看见一直到厨房深处的操
作台。

从厨房看起居室。因为开有高侧窗，所以空间非常
明亮，室外的绿色也被引入室内。

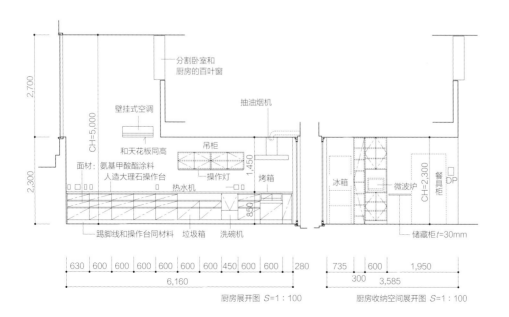

厨房展开图 S=1：100

厨房收纳空间展开图 S=1：100

进入玄关就看到的厨房

户主要求建造一个可以向来客展示自己的厨房、厨具的房子，因此我们设计了这个面向玄关的开敞厨房。

从玄关看厨房收纳柜。

1层平面图 S=1：250

聚碳酸酯板（透明）

柜子面板：
日产木板30mm

厨房附近剖面图 S=1：75

只有一张榻榻米（约1.62m²）大小的，被红色铺装包裹的厨房手绘图。因为知道会有很多小工具、小道具需要摆放收纳，所以设计了很多便于拿取的挂钩，用最简单的方式满足了收纳需求。

手绘：山下健太郎

从起居室一侧看厨房。弯曲墙面的木质构造强调了空间的纵向感。厨房的设计没有破坏这种纵向性。

在二楼东侧我们设计了比餐厅和起居室低一截的厨房地板，因此站在厨房里的人和坐在起居室或是餐厅的人的视线会处于同一高度，由此增加交流的舒适感。

另外低矮的操作台会让人感觉空间宽阔。我们使用人造大理石作为这个黑色操作台的建造材料，和周边的家具保持了很高的协调感，融入整体空间之中。在厨房深处我们还设计了餐具柜、冷藏室等小型收纳间。

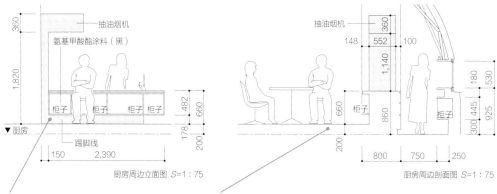

厨房周边立面图 S=1:75

厨房周边剖面图 S=1:75

POINT 2：为了让整个厨房看起来像是这个大空间中的一个家具一样，厨房的设备都和墙保持一定距离安装，并采用了和墙面对比较强的材料。

POINT 1：在厨房、起居室和餐厅之间设计高差使在厨房作业的人和在起居室、餐厅坐着的人的视线保持在同一高度。

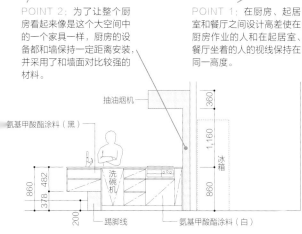

厨房展开图 S=1:75

在设计高差的地方应该通过区分颜色或材质的方式使人注意到这里的高差。

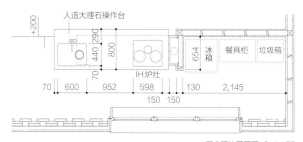

厨房周边平面图 S=1:75

2层平面图 S=1:250

从日式起居室一步到厨房

厨房的榉木双侧操作台兼做餐厅的餐桌。因此我们在厨房、起居室和餐厅之间设计了400mm的高差，以区分开这几个连续的空间。

POINT 1：榉木操作台和地板材质协调，使它看起来像是从地板上生长出来的，保证了空间的连续性。

POINT 2：设计的高差使在厨房作业的人和在起居室坐着的人的视线在同一高度，增加彼此的交流。

从起居室一侧看向厨房。从顶部透过来的光在平坦的墙壁上漫反射，照亮整个房间。（摄影：石井雅义）

从厨房看向起居室和餐厅。由于地板设有高差，这个通风空间非常通透。（照片来源：Nacasa & Partners）

1层平面图 S=1：300

剖面图 S=1：300

从三楼看向厨房。
（摄影：石井雅义）

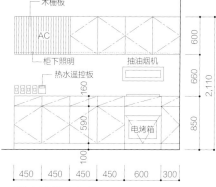

木栅板

AC

柜下照明　抽油烟机

热水遥控板

电烤箱

| 450 | 450 | 450 | 450 | 600 | 300 |

600
660
160
590
850
100
2,110

操作台立面图 *S*=1：60

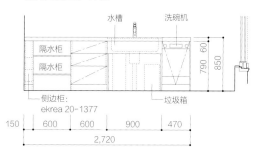

水槽　洗碗机

隔水柜
隔水柜

侧边柜：
ekrea 20-1377

垃圾箱

| 150 | 600 | 600 | 900 | 470 |

60 790 850

2,720

水槽一侧操作台展开图 *S*=1：60

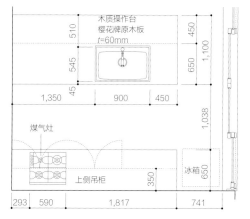

木质操作台
樱花牌原木板
t=60mm

510
545
45

| 1,350 | 900 | 450 |

450
650
1,100
1,038

煤气灶

上侧吊柜

350

冰箱
650

| 293 | 590 | 1,817 | 741 |

厨房周边平面图 *S*=1：60

墙壁：贝壳粉墙面

吊灯照明：YaYaHo

木质操作台
樱花牌原木板
t=60mm

CH=5,500

350

650

柜下照明

850

1,100

60

450

400

| 650 | 1,012 | 650 | 450 |

厨房剖面图 *S*=1：60

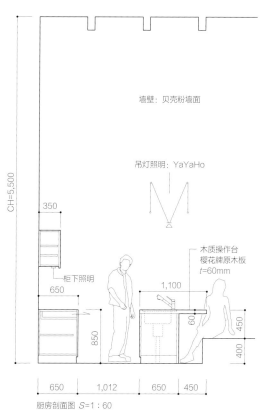

从厨房看向起居室和餐厅。顶部采光使室内光影效果随着季节
及时间的变化而不断变化。

观赏用厨房

因为经常要举办家庭聚餐，所以设计了普通操作台和独立的观赏用小操作台。为了让独立小操作台更加便于使用及展示操作过程，我们将台板的高度设计得比正常的低一点。

1. 从操作台到柜子门都采用人工大理石板制造。因为操作台设计得很低矮，所以餐厅空间显得很高、很宽敞。
2. 厨房前的开放性餐厅是家族的隐私空间。户主一家特别享受一边做饭一边聊天的感觉。（摄影：村田昇）

POINT 1：直接从天花板安装会显得很突兀，所以我们将抽油烟机安装在吊柜里。使得空间看起来很简洁，设计的吊柜也具有一定收纳功能。

天花板：PB12.5EP
人工大理石面操作台
SUS水切板顶
335
玻璃制洗碗盆 φ420
切割台柜
PS
120
780
900
260 90 400
750
1,414
605 145
750

POINT 2：通过排水管道的退后设计空出一部分收纳空间。

厨房剖面图 S=1:60

柜子：人工大理石面
抽油烟机：嫩绿色
SUS水切板顶
墙壁：马赛克瓷砖贴面
SUS侧板
操作灯
冰箱
洗碗机
电烤箱
40
600
600
600
900
CH=2,100
2,100
瓶子收纳柜
20 1,040 600 300 600 150
761
2,710

POINT 3：洗碗机下面的木板使其与周围柜体保持在同一高度。

厨房展开图 S=1:60

POINT 4：可以完全关闭的从地板直接到天花板的大门。门全部关闭如同一堵墙，将厨房空间完全隐藏起来。

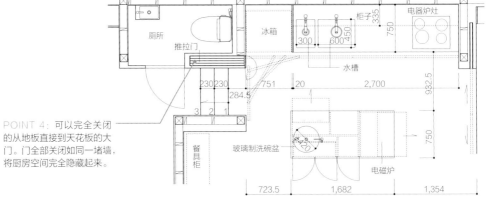

厕所
推拉门
冰箱
柜子
电器炉灶
335
750
水槽
玻璃制洗碗盆
电磁炉
300 600 450
2,700
932.5
750
230 230
284.5
751 20
3 2 1
餐具柜
723.5 1,682 1,354

厨房周边平面详图 S=1:60

剖面图 S=1：300

1层平面图 S=1：300

直通二楼的宽敞明亮的厨房和餐厅。清水混凝土建造的小斜坡直通窗后的小庭院。开敞的东侧和封闭的西侧之间形成有趣的光影效果。

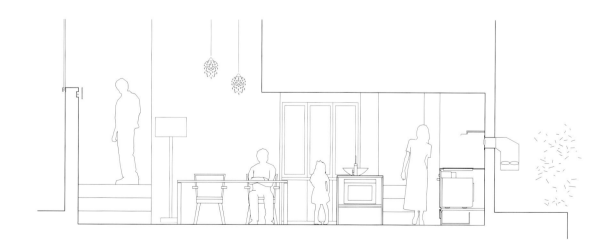

『漂浮起来』的独立操作台

将操作台的踢脚线设计成镜面不锈钢，使地板通过镜面不锈钢反射到视线中，让操作台看起来像是漂浮着一样。

POINT 1：巨大体量的操作台踢脚线设计成磨光镜，使它具有漂浮感，减小了体量感。
（照片来源：Nacasa & Partners）

POINT 2：当厨房操作台的一侧有开口必须退让时，另一侧也应与墙壁保持一定距离，这样视觉上会很协调。

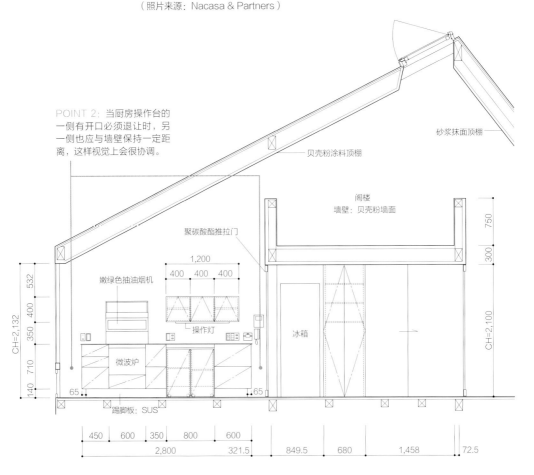

砂浆抹面顶棚

贝壳粉涂料顶棚

阁楼
墙壁：贝壳粉墙面

聚碳酸酯推拉门

嫩绿色抽油烟机

操作灯

冰箱

微波炉

踢脚板：SUS

CH=2,132　532　400　350　710　140　CH=2,100　750　300

1,200　400　400　400

65　65

450　600　350　800　600　849.5　680　1,458　72.5

2,800　321.5

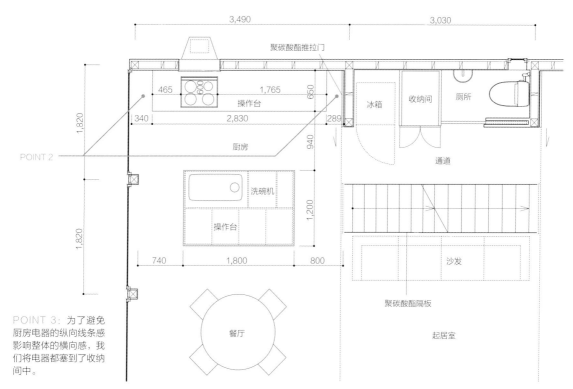

3,490　　　　3,030

聚碳酸酯推拉门

465　　600　　1,765　　650

操作台

340　　2,830　　289

1,820

厨房

940

POINT 2

冰箱　　收纳间　　厕所

通道

洗碗机

1,200

操作台

聚碳酸酯隔板

沙发

1,820

740　　1,800　　800

起居室

POINT 3：为了避免厨房电器的纵向线条感影响整体的横向感，我们将电器都塞到了收纳间中。

餐厅

厨房周围平面图 S=1：60

从餐厅看厨房。为了避免身材娇小的女主人够不到收纳柜上面的东西，吊柜没有设计过多层，而在操作台下方增设了大容量收纳空间。

从跃层看厨房。

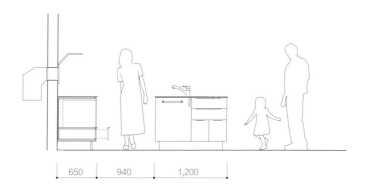

650　　940　　1,200

吧台型操作台的厨房

户主要求建造一个看不到杂乱厨具的厨房，所以我们设计了这个吧台型操作台，隐藏了厨房的内侧空间。

与黑色的墙壁地板形成强烈对比的厨房看起来就像一个家具一样。

POINT 1：为了让厨房看上去像是起居室空间中的一个家具，我们把灯管设计在收纳柜上部而不是操作台上部。不用煤气灶而是采用IH灶使厨房显得平整干净。

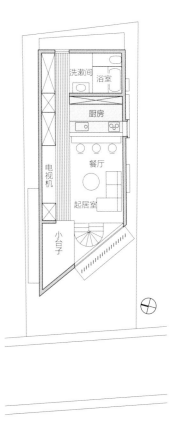

洗漱间
浴室
厨房
电视机
餐厅
起居室
小台子

2层平面图 S=1：200

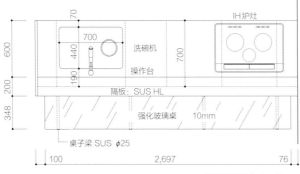

IH炉灶
700
440
190
洗碗机
操作台
700
600
200
348
隔板：SUS HL
强化玻璃桌　10mm
桌子梁 SUS φ25
70
100　　2,697　　76

厨房平面图 S=1：40

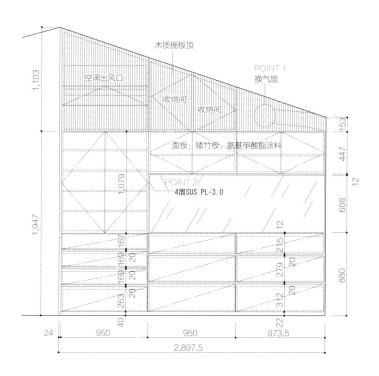

木质栅板顶

POINT 1
换气扇

空调出风口

收纳间

收纳间

面板：矮竹板，氨基甲酸酯涂料

POINT 2
4周SUS PL-3.0

1,103

1,947

1,079

167

169

20

263

20

20

279

312

20

20

153

447

12

608

880

215

12

24

950

40

950

973.5

22

2,897.5

POINT 2：为了让收纳间和玻璃餐桌具有
协调感，收纳柜的一部分我们也采用了与
餐桌同材料的强化玻璃板制造。

POINT 3：为了让操作台看上去像是一个家具，我们采用玻璃餐桌
来削减其体量感。一般设计成三角形的支架，我们改成了L形，进
一步减小体量感。
另外一开始想将支撑架设计为两根，但考虑到稳定性增加到了三根，
后来发现三根支撑架会影响实际使用，于是增加为四根。

POINT 3：使用圆钢管做支撑结构的玻璃
餐桌CG。

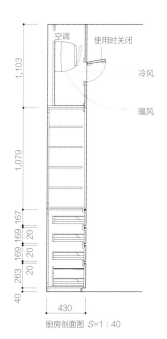

空调

使用时关闭

冷风

暖风

1,103

1,079

167

169 169

263

40

20 20

20

操作灯

430

430

厨房剖面图 S=1：40

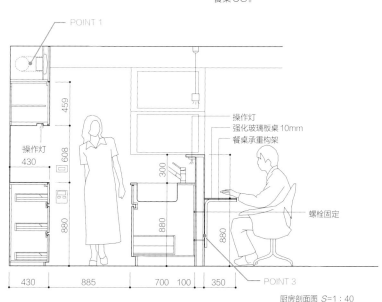

POINT 1

459

操作灯
430

608

880

880

300

880

操作灯
强化玻璃板桌10mm
餐桌承重构架

螺栓固定

POINT 3

430

885

700

100

350

厨房剖面图 S=1：40

连接室内外的厨房

在空旷的空间里设计的操作台，分割了入口空间和起居室。因为入口空间直通室外，所以厨房起到了分隔内外空间的作用。

从阳台看厨房。因为厨房是一个半室外空间，所以可以享受到在室外做饭的乐趣。

厨房通过连廊通达庭院

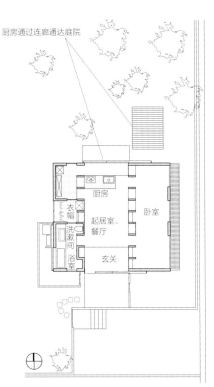

1层平面图 S=1:300

1. 从室外看厨房。
2. 厨房的收纳空间。

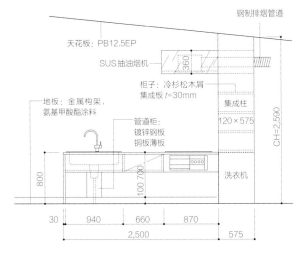

钢制排烟管道

天花板：PB12.5EP

SUS抽油烟机

柜子：冷杉松木屑
集成板 t=30mm

集成柱
120×575

管道柜：
镀锌钢板
铜板薄板

地板：金属构架，
氨基甲酸酯涂料

CH=2,590

360

800

100 700

洗衣机

30　940　660　870

2,500　575

厨房展开图 S=1:60

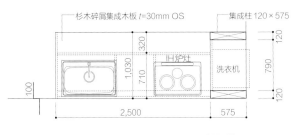

杉木碎屑集成木板 t=30mm OS

集成柱 120×575

320

1,030

710

IH炉灶

洗衣机

790

120

120

100

2,500　575

厨房平面图 S=1:60

隐藏收纳空间的厨房

1. 厨房的面层采用和地板和天花板一样的竹材制造，黑色的窗框使整个厨房看起来像是窗边的一个家具。为了让操作台有漂浮的视觉效果，我们还特殊定制了一套管道系统。

2. 和楼梯间一体式的操作柜里设计了电饭锅、冰箱和微波炉等的电器收纳空间和大量食物储藏空间。

2层平面图 S=1：250

厨房平面图 S=1：60

通过将收纳柜的面料统一为竹材的方式，让厨房看上去像是一个大型家具，保证了整个室内的协调性。

并不是说设计收纳空间后厨房就一定会变得很大。为了保持室内的平衡感，除了将收纳柜进行隐藏式设计外，我们还架空了操作台，使它看上去像是飘浮在空中一样，进一步减轻厨房的视觉重量。

POINT：因为厨房设计在斜墙上，所以遇到操作台空间不够的情况可以借用窗框操作，越宽的操作台使用起来也越舒服。

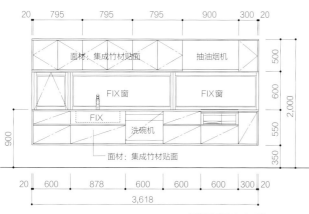

厨房展开图 S=1：60

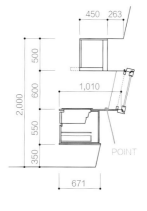

厨房剖面图 S=1：60

面向通风室的厨房

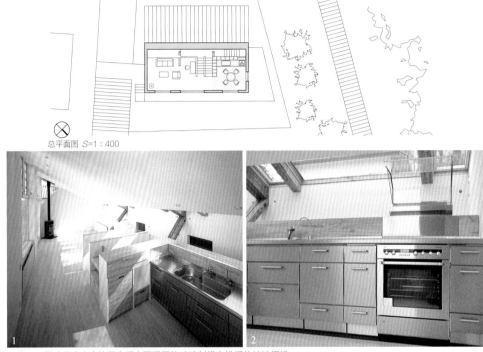

总平面图 S=1：400

1. 为了不影响厨房上方的天窗采光而采用的玻璃制横向排烟的抽油烟机。
2. 将面向通风室的L形操作台收起来的样子。

因为厨房面向通风室，所以为了更好地利用收纳空间，厨房的收纳柜都采用了上下翻转门的形式。

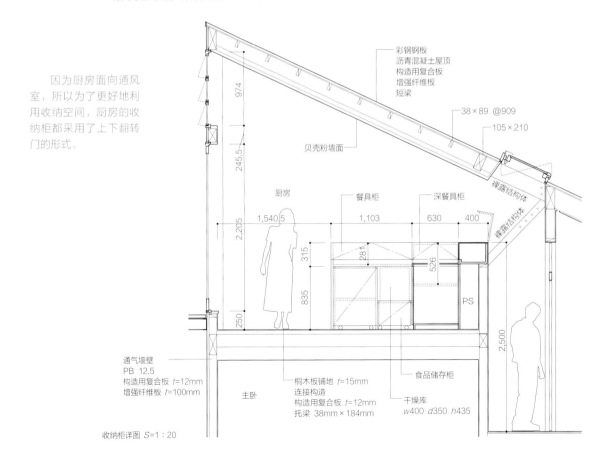

彩钢钢板
沥青混凝土屋顶
构造用复合板
增强纤维板
短梁

38×89 @909
105×210

贝壳粉墙面

裸露结构体

厨房   餐具柜   深餐具柜

1,540.5   1,103   630   400

2,205
315
835
250

281
526
PS
2,500

通气墙壁
PB 12.5
构造用复合板 t=12mm
增强纤维板 t=100mm

主卧

桐木板铺地 t=15mm
连接构造
构造用复合板 t=12mm
托梁 38mm×184mm

食品储存柜

干燥库
w400 d350 h435

收纳柜详图 S=1：20

桐木板上翻门

隔板：桐木板 *t*=27mm

操作台木板

柜子内：日产木材
t=24mm UC

526

225
50
875

同一高度

收纳部分剖面图 *S*=1：50

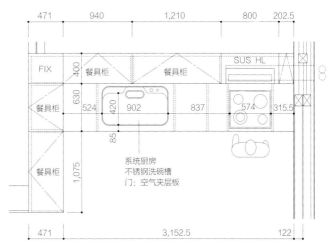

471　940　1,210　800　202.5

FIX

400

SUS HL

餐具柜　餐具柜

餐具柜

630

524　420　902　837　574　315.5

85

餐具柜

1,075

系统厨房
不锈钢洗碗槽
门：空气夹层板

471　3,152.5　122

厨房平面图 *S*=1：50

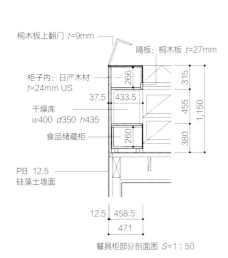

桐木板上翻门 *t*=9mm

隔板：桐木板 *t*=27mm

柜子内：日产木材
t=24mm US

266　315

37.5　433.5　455　1,150

干燥库
*w*400 *d*350 *h*435

食品储藏柜

260　380

PB 12.5
硅藻土墙面

12.5　458.5
471

餐具柜部分剖面图 *S*=1：50

抽油烟机

结构外露

471　940　1,210　800　202.5

空

9mm 小孔桐木板

桐木板上翻门

餐具柜　餐具柜

SUS HL

净水器

电烤箱

碳酸钙涂料

471　450　450　600　450　300　600　302.5

3,623.5　122

厨房展开图 *S*=1：50

打开收纳柜的样子。

把手：C-15×15 SUS

桐木板上翻门 *t*=9mm

铰链

撑条（固定锁）

椴木复合板 *t*=12mm

PB 12.5
贝壳粉墙面

防水胶带连接

收纳柜门详图 *S*=1：20

POINT：上翻门的
收纳柜，在使用时更
便于存取物品，使用
后可以完全隐藏起来。
上翻门的设计让户主
不用担心频繁地开关
门导致柜内的物品掉
到楼下去。

第 2 章
收纳空间

　　经常有户主要求在洗漱间里设计一些放置内衣或毛巾的收纳空间。也有户主要求在卧室附近设计一些放置衣帽的收纳空间。类似这样，我们经常要在各种地方设计收纳空间。仔细想想收纳空间的设计或许直接决定了一个房子的居住便利度，合理的收纳空间会让居住者感到舒适轻松，相反糟糕的收纳空间会给人很不好的居住体验。比如洗完澡以后难道我们要只穿一个内衣裹着浴巾到卧室换衣服吗？又或者在洗漱间洗完脸之后满脸是水地跑到阳台去擦脸？

　　我在设计中经常会采用一种方法，那就是将这些收纳空间当作一个空间单元，或者说是一个小型功能

考虑清洗脏衣服和收纳干净衣服的流线时，要充分考虑便利度。阳台的位置和洗衣机的位置是决定性因素。

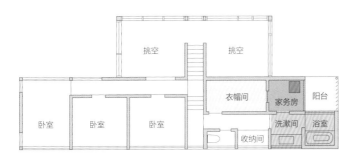

衣帽间

洗衣机

洗漱间、浴室

晾晒处

家务房

体进行设计，而不是当作某个房间的一部分。比如设计衣柜的时候我们不把它当作卧室的一部分，而是当作一个具有衣服收纳功能的空间单元，所以我设计的衣柜一般都比较靠近洗漱间和玄关，因为我认为将衣柜放在这两个地方会最大限度地提高使用便利度。

让我们考虑一下人的动线吧。比如一个人回家，基本上都是这样一种动线：回家–换鞋–换衣服–做饭吃饭或看书休息–洗澡–更衣–休息，我们会发现人们一般都在玄关里或是洗浴后使用衣柜，因此我们不必被固有概念所束缚，将衣柜设计在卧室中，而是实事求是地将其放在更衣频繁的玄关或洗漱间附近，以此增加使用便利度。再说，衣柜摆放在安装洗衣机的洗漱间附近也更便于清理脏衣服，可以减少女主人的日常工作量。

另外，儿童卧室内不设计衣柜可以最大限度地减少妈妈们收拾脏衣服、整理衣服的工作量，将衣柜收纳当作一个单独的功能体去设计这个想法得到了户主的一致好评。

基地位于潮气重的海边（上图）或冬天日照少的北方（下图）时，会有无法使用阳台晾衣服的情况，此时我们应该考虑在室内设计一个晾衣服的空间，那么如果这个空间临近厨房和衣柜，就可以减少主人做家务的流线长度。

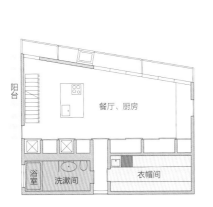

上下图都是洗漱空间、厨房和衣帽间连接设计的案例。女主人可以一边做早晚饭一边帮孩子换衣服。

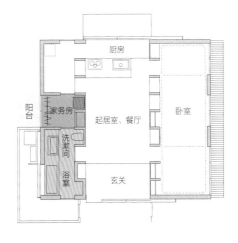

> UTILITY

第 2 章

厕所

　　以我多年的抚养孩子和服侍年迈母亲的经验来讲，洗漱间和厕所设计在一起会有很大的便利性。一般厕所会单独设计为一个小空间，但是如果和洗漱间相连设计，就会空出一个看护的人可以工作的空间。另外，就算是健康的成年人在一些身体状况不好的时候也会连用洗漱间和厕所，比如喝酒喝多呕吐之后要立刻洗脸刷牙。所以如果有条件，我一般都将这两个功能空间并列设计。

洗漱间和厕所放置在一起的情况

1层平面图 S=1：300

2层平面图 S=1：300

1层平面图 S=1：300

2层平面图 S=1：300

1层平面图 S=1：300

2层平面图 S=1：300

1层平面图 S=1：300

2层平面图 S=1：300

如果一个建筑只有一个厕所，那确实应该慎重考虑是否要这样设计，此时我们应该考虑家庭的构成，如果是夫妇两人就完全没有问题，但如果是四口之家，这样设计就有可能影响实际使用，人数较多时这种设计方法会影响到厕所的利用效率。

按照旧观念，将洗漱间放在"肮脏的厕所"旁边可能会让人觉得不舒服，但是现在的卫生条件已经和过去完全不同，所以无需担心卫生问题。另外也有人说家里有客人的时候，在厕所旁边的洗漱间里晾晒的内衣会被上厕所的客人看到，所以会很尴尬，但是我认为，为了应对特殊情况而降低室内便利度设计是一种本末倒置的想法，所以一般这时，我都会坐下来和户主好好聊一下自己的想法。如果户主无论如何都不能接受，我们还可以各退一步，比如在厕所另设一扇门专供外人使用等。

洗漱间和厕所不放在一起的情况（1）

从洗漱间看厕所。

1层平面图 S=1：300

从洗漱间看浴室。

洗漱间和厕所不放在一起的情况（2）

开放式的洗漱间，与厨房、起居室相连。

2层平面图 S=1：300

左边是厕所的门，右边是浴室的门。

>UTILITY

第 2 章

洗漱间、浴室

　　虽然我认为洗漱间和浴室完全没有必要分开设计，但是因防水设计的不同和实际施工的不同等各种因素，实际上分开设计的情况较多。并且我遇到的绝大多数户主也要求分开设计洗漱间和浴室。洗漱间和浴室分开设计的时候，我一般喜欢采用视觉上明亮通透的自然材料做彼此的隔断，比如磨砂玻璃或乳白色的聚碳酸酯板。但是要注意玻璃板很不容易打理维护，一不小心就会变得很脏，从而影响整体效果。所以聚碳酸酯板是一个很好的选择，聚碳酸酯板很轻，即使是小孩也可以轻松地开关门。

　　浴室是一个可以让人躺在浴盆里、全身心放松的地方。如果因为天花板结露而不断地有凉水滴落，那会极大影响泡澡人的心情。所以天花板的防结露设计是浴室设计的重要一环，我一般会在浴室的天花板上铺设木板，以此来防止天花板结露。在硬质材料铺装较多的浴室里铺设的木材会带给人一种温馨、柔软的感觉，并且在泡澡时木材的香味也让人很放松。我们经常会听到"木材怕水泡"这句话，但是我认为这句话并不适用于用作浴室天花板的木板。因为用作天花板的木材不会一直被水泡着，并且如果实在在意木材受潮的问题，我们也可以选用不会长菌斑和发霉的木种木板。若我们选择了木材建造天花板，那么如果能把塑料的排风扇也用木材掩盖起来，整个浴室的视觉效果会非常整体统一。

　　墙壁和地板如果采用瓷砖贴面的话一定要注意瓷砖的规格大小。如果浴室中出现过多不完整的瓷砖，那么会破坏其整体效果。比如如果我们在750mm长的浴池附近铺贴200mm或者300mm的瓷砖，就会出现首尾不对接的问题，所以实际设计当中我们经常采用50mm小瓷砖铺贴，或者细长型瓷砖、切

洗漱间和浴室的隔断

乳白色聚碳酸酯板隔断　　强化玻璃隔断　　强化玻璃（磨砂）隔断

便于清理的卫生器具

柄形防逆流装置

墙壁埋入式水龙头　　一体式洗脸台

POINT 1
卫生器具以便于打扫清理为选择条件。埋入墙中的或是一体式器械将会极大地减少打扫的工作量。

割也不影响效果的花纹瓷砖铺贴浴室。

　　一般我们都让户主根据其审美挑选洗漱间的卫生器具，但是我们一定不要忘了提醒户主应该选择便于打扫的器具类型。水龙头最好选用可以预埋进墙内的类型，洗脸台最好选用和收纳柜一体的类型，防逆流装置最好选择便于清扫的类型。因为有水的地方是最容易脏的地方，并且洗漱间的整洁度会直接影响一家人的心情，所以如果不是特别喜爱打扫卫生的户主，一定不要选择凹凸较多的卫生器具。

　　在日本，浴盆一般分为搪瓷、木板或人造大理石的成品浴盆和瓷砖贴面的现浇水泥浴盆两种类型。如果是成品安装的话，我认为搬运过程不容易碰伤、划伤的搪瓷浴盆是一个不错的选择。

　　人造大理石很容易被划伤，而木质浴盆会随着时间延长而变脏发霉，一般每隔十年就要更换一次。如果采用现浇水泥的浴盆，我们就可以根据实际空间灌注理想的大小、形状和深度，并且其保温性、防水性都很好。需要注意的是，如何解决维修及管道堵塞问题是设计现浇浴盆必须考虑的因素。

根据浴盆尺寸选择瓷砖

27mm马赛克瓷砖　　　　　　50mm正方形瓷砖　　　　　　25mm正方形马赛克瓷砖

19mm马赛克
瓷砖铺面

200mm×400mm×（10~15）mm
石棉瓦贴面

POINT 2

贴面瓷砖的防发霉措施一般有在瓷砖缝隙添加防霉液体和施工完成后覆盖防霉膜两种。

现浇型浴盆

马赛克瓷砖铺贴浴盆

在FRP防水水泥浴盆上　　现浇水泥浴盆　　　山茶木板贴面浴盆
铺设膜材的浴盆

POINT 3

尺寸（家庭成员的身高、半身还是全身浴盆、跨距等）、机能（热水设备、泡泡浴、按摩浴等）、材料（珐琅、搪瓷、木、丙烯酸橡胶等）以及是否需要智能调控装置等都是选择浴盆时要考虑的要素。

> UTILITY

绿色洋溢的洗漱间

为了在位于建筑密集的城市中心住宅设计出绿色洋溢的室内空间，我们将居住功能全都按放在二楼，由此空出四个小中庭。洗漱间和浴室直接面向其中一个中庭。

2层平面图 S=1：250

从走廊看向洗漱间。正前方是隐藏于玻璃后面的收纳间。

从浴室看向洗漱间。在测量了一家人的身高之后，我们将洗衣机设计在高度900mm的洗脸台之下，900mm高的洗脸台非常适合这家人使用。

POINT 2：为了放置管道系统及供电系统而设计的中空夹层墙壁，我们将大容量的小物件收纳空间安装其中，同时将收纳间的门设计为全身镜。

POINT 1：采用横向窄玻璃做化妆镜时要注意玻璃能照到的范围。

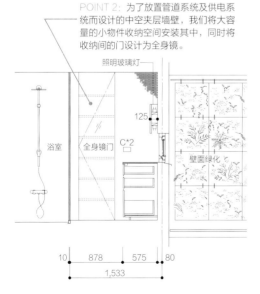

洗漱间展开图 S=1：60

POINT 3：天花板使用木材建造时，如果排风扇盖板不采用标准的塑料制品而使用木制品，就可以使天花板看起来整洁漂亮。

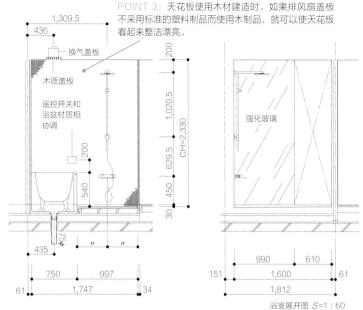

浴室展开图 S=1：60

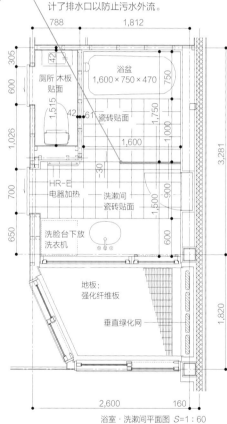

用人造大理石建造的洗面台上方设计了低矮的横窗，可以从这里俯瞰室外的景色。

POINT 4：因为洗漱间和浴室都是瓷砖贴面，所以没有设计干湿边界高差，我们在出入口设计了排水口以防止污水外流。

POINT 5：为了让泡澡更舒服而选用的纯天然木材天花板。

（照片来源：Nacasa & Partners）

浴室·洗漱间平面图 S=1：60

从洗漱间看浴室。因为洗漱间和浴室都采用同样的瓷砖贴面，所以洗澡的时候也不怕水滴飞溅。考虑到小孩的安全问题，没有以玻璃门做隔断隔离湿气，而稳妥地安装了排气扇和通气窗。因此不用担心玻璃门起雾的问题，可以充分地欣赏中庭的绿化空间。

洗漱间要小而紧凑

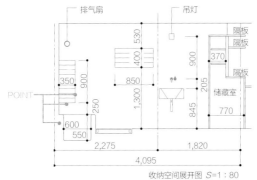

从浴盆看向洗漱间的素描图。为了节约空间，坐便器和沐浴间只采用了最简单的隔断方式。虽然面积不大但是合理地空出了洗衣机、扫除道具和脏衣服的摆放空间。另外直接安装在墙壁上的洗脸台，减少了占地面积，使空间看上去比实际宽敞一些。

POINT：因为是玻璃马赛克瓷砖铺面，所以家具都采用了倒角设计，以防碰坏瓷砖。

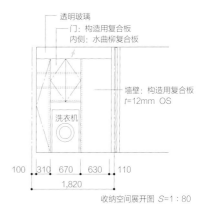

收纳空间展开图 S=1：80

收纳空间展开图 S=1：80

用红色马赛克瓷砖贴面的小而紧凑的一体式卫生间。和厨房相连的收纳间上开了小窗，使卫生间与玄关相连。

形状和大小都有所不同的红色马赛克瓷砖给这个传统风格住宅带来一丝"现代"感。让人回忆起老宅子的黑色玉石瓷砖立面。

平面图 S=1：80

从楼梯可以直接进入箱形的洗漱间和浴室中。我们将浴室设计成可以让人全身心放松的样子。根据主人的要求，浴室非常宽阔，这也加强了让人放松的效果。

POINT：根据主人"用洗澡后的水洗衣服"的习惯，我们在浴盆旁边安装了洗衣机。为了不妨碍洗衣机的操作，我们特别注意了洗脸台和隔断的尺寸。

让人全身心放松的浴室

宽阔的浴室。洗漱间和浴室以聚碳酸酯板分割，没有完全封闭浴室是为了能更好地排除湿气，更便于打扫。洗脸台的架空设计让空间显得更为宽阔。

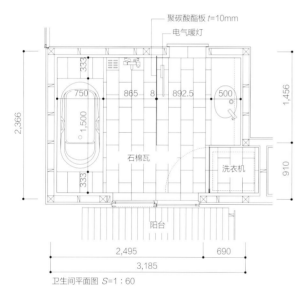

聚碳酸酯板 $t=10mm$
电气暖灯

333
2,366
750
1,500
865　8　892.5
500
1,456
石棉瓦
洗衣机
910
333
阳台
2,495　690
3,185

卫生间平面图 S=1：60

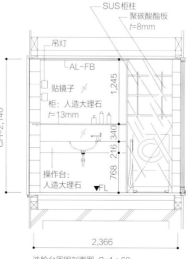

从楼梯一侧看洗漱间和浴室。卫生间设计在楼梯一半的地方。

从洗脸台看向阳台。

SUS柜柱
聚碳酸酯板 $t=8mm$
吊灯
AL-FB
贴镜子 ∥
1,245
柜：人造大理石 $t=13mm$
216　340
768
操作台：人造大理石
FL
2,366

CH=2,140

洗脸台周围剖面图 S=1：60

比浴室更宽的浴盆

在1400mm宽的浴室里安装1500mm宽的浴盆的方法。

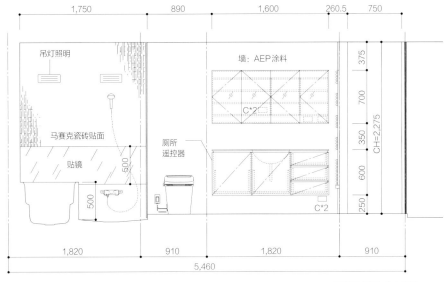

卫生间展开图 S=1:50

POINT 3：将洗漱间和浴室的墙对齐使隔断的门更美观。因此我们设计的浴室只有1400mm宽。

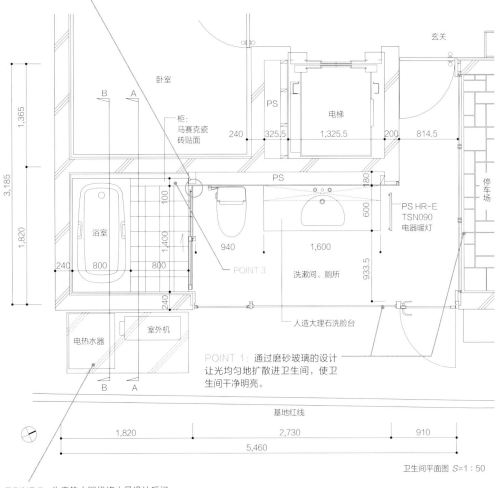

卫生间平面图 S=1:50

POINT 1：通过磨砂玻璃的设计让光均匀地扩散进卫生间，使卫生间干净明亮。

POINT 2：为电热水器维修人员设计后门。

1. 阳台和卫生间以磨砂玻璃分割，整个卫生间被温柔的光线照亮。

2. 此住宅除了这个卫生间以外还有两个独立的厕所，但是我们考虑了实际使用情况，在这个卫生间内也安装了马桶。

POINT 3：为了装下比浴室宽 100mm 的浴盆，墙面做了特殊处理。

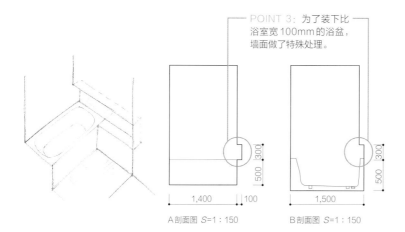

A 剖面图 *S*=1：150

1,400 | 100 | 500 | 300

B 剖面图 *S*=1：150

1,500 | 500 | 300

通过墙面的特殊处理和上方柜子的设计，将户主要求的 1500mm 宽的浴盆塞入了浴室之中。

便于打理的卫生间

考虑到儿童要在此玩耍及打扫卫生的便利度，设计了这个室外-浴室、洗漱间-家务室、厨房的空间序列。

POINT：浴盆和洗脸台的一体化设计增加了空间的整体感。此时要注意为浴盆设计凹槽以疏导水流，防止浴盆的水流到洗脸台上。

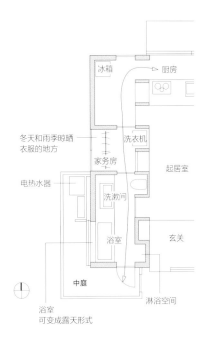

冰箱
厨房
冬天和雨季晾晒衣服的地方
洗衣机
家务房
起居室
电热水器
洗漱间
浴室
玄关
中庭
浴室可变成露天形式
淋浴空间

卫生间附近平面图 S=1：150

从室外看卫生间。墙壁另一侧是中庭，可以打开浴室的窗户让这里变成露天浴室。

和洗脸台一体的浴盆，使用圆形马赛克瓷砖贴面。

建筑位于富景县，这里冬季漫长，每年都会有几个月无法在室外晾晒衣物，因此我们在卫生间一侧设计了室内晾晒衣物空间。通过晾晒衣空间、卫生间和厨房的连续设计把不易清扫的房间都集合在了一起，最大限度地减少了家务清扫的工作量。

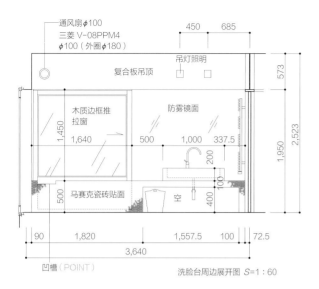

通风扇 φ100
三菱 V-08PPM4
φ100（外圈 φ180）

450　685

吊灯照明

复合板吊顶

573

2,523

木质边框推拉窗

防雾镜面

1,450

1,640　500　1,000　337.5

1,950

200

100

空

400

马赛克瓷砖贴面

90　1,820　1,557.5　100　72.5

500

3,640

凹槽（POINT）

洗脸台周边展开图 S=1:60

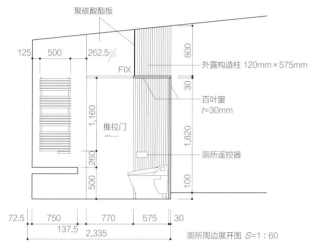

聚碳酸酯板

125　500　262.5

800

外露构造柱 120mm×575mm

FIX

30

百叶窗
t=30mm

1,160

推拉门

厕所遥控器

260

1,820

500

100

72.5　750　770　575　30

137.5

2,335

厕所周边展开图 S=1:60

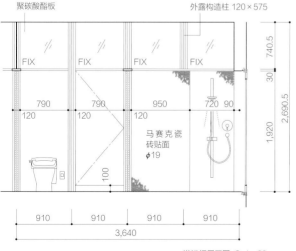

聚碳酸酯板

外露构造柱 120×575

FIX　FIX　FIX　FIX

740.5

30

790　790　950　720　90

120　120　120

2,690.5

1,920

马赛克瓷砖贴面
φ19

100

910　910　910　910

3,640

淋浴间展开图 S=1:60

为了在寒冷的季节起到一定的制热效果而安装的暖气板。暖气板不仅可以加热洗漱间，还可以温暖浴衣、毛巾。

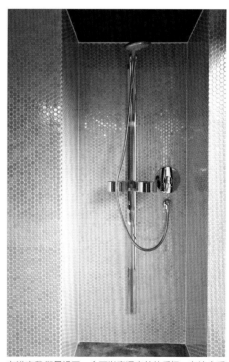

在浴室我们另设了一个可以直通室外的后门，在这个后门旁安装了淋浴间。在雨天小孩子满身是泥地回到家中时，可以在此冲洗干净后进入屋内。

洞穴一样的卫生间

户主要求建造一个洞穴一样的卫生间，因此我们设计了这个洗漱间和浴室没有墙壁隔断的一体式卫生间。通过一段高差的设计，让进入浴室的人有种进入洞窟一样的感觉。

1. 洗脸台和墙壁都采用现浇混凝土建造。为了更加便于打扫卫生，设计了直通室外的出入口。
2. 地板和墙壁使用昏暗的铁平石铺面，夜晚浴盆周边设计的照明设备照亮浴室墙壁，产生一种神秘的美感。

POINT：洗漱间的现浇混凝土和浴室的铁平石铺装、木质浴盆形成强烈的材质对比。多种铺装材料共同营造出洞穴的感觉。

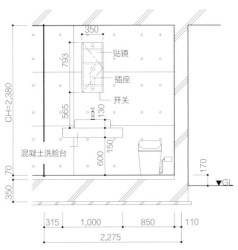

贴镜
插座
开关
混凝土洗脸台

CH=2,380

793 565 130 150 600 350 70 170 ▼GL

315　1,000　850　110
2,275

洗脸台周边剖面图 S=1:60

浴室只有面向庭院的西侧开了窗，这样安排是为了可以让泡澡的人直面庭院，放松身心。浴盆材料我们使用了山桃木。

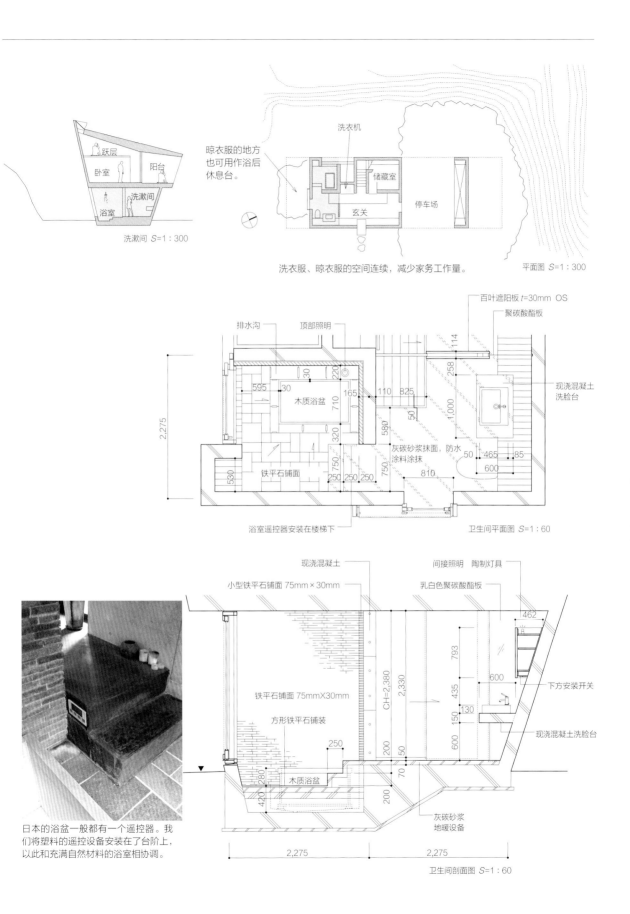

洗漱间 *S*=1:300

晾衣服的地方也可用作浴后休息台。

洗衣机

储藏室

停车场

玄关

平面图 *S*=1:300

洗衣服、晾衣服的空间连续，减少家务工作量。

排水沟

顶部照明

百叶遮阳板 *t*=30mm OS

聚碳酸酯板

木质浴盆

铁平石铺面

现浇混凝土洗脸台

灰碳砂浆抹面，防水涂料涂抹

浴室遥控器安装在楼梯下

卫生间平面图 *S*=1:60

现浇混凝土

间接照明　陶制灯具

小型铁平石铺面 75mm×30mm

乳白色聚碳酸酯板

铁平石铺面 75mm×30mm

方形铁平石铺装

木质浴盆

下方安装开关

现浇混凝土洗脸台

灰碳砂浆地暖设备

日本的浴盆一般都有一个遥控器。我们将塑料的遥控设备安装在了台阶上，以此和充满自然材料的浴室相协调。

卫生间剖面图 *S*=1:60

卧室旁的卫生间

户主要求建造一个可以一边泡澡一边欣赏大海的浴室。
（摄影：石井雅义）

平面图 S=1：250

POINT：洗漱间、浴室和卧室相连。因此浴室设计得比较豪华，有一种滨海度假宾馆的感觉。

本次我们设计了一个和卧室、衣柜、洗漱间相连的便于使用的浴室。因为基地位于海边，并且视线良好，所以设计出了可以一边看海一边泡澡的悠闲空间。

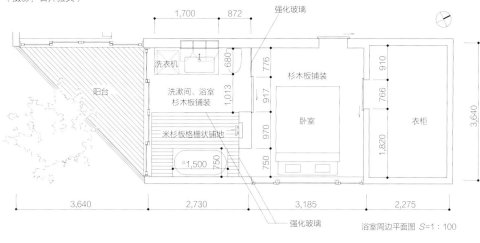

浴室周边平面图 S=1：100

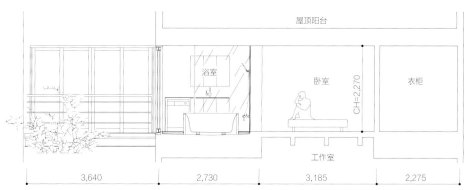

浴室周边剖面图 S=1：100

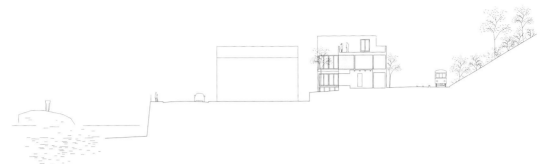

浴室里瓷砖贴面上铺设的格栅状木地板。用作洗漱间和浴室隔断的强化玻璃板如果不经常打扫就会出现水垢，变得很不美观。

因为浴室和洗漱间直接设计在卧室旁边，所以由浴室大窗照射进来的光可以直达卧室。

洗漱间和卧室通过玻璃板和木门分隔，木门可以完全打开，使卫生间和卧室形成一个开敞的大空间。洗衣机和收纳空间合理地安置在洗脸台的下方空间，所以整个室内看上去整洁大方，干净明亮。（摄影：石井雅义）

第 2 章

卧室

　　传统日式住宅是没有"房间"这个概念的。传统日式住宅中除了必须分割设计的厨房、厕所以外，其他的房间都连在一起，以推拉纸门自由地分割空间，来满足实际的功能需要。

　　现在流行将室内空间设计为一个个小房间，那么简单纯朴的传统日式空间在现代建筑设计中难道就没有发挥的余地了吗？

　　我认为不是的，就拿儿童用房来说，当今儿童房理所当然地被设计在有孩子或即将有新生儿的家庭之中，但是实际情况呢？固定的儿童房无法跟上孩子迅速成长的步伐，不能通过调整空间大小来满足不同成长期的空间需求。在孩子很小的时候我们都希望有一个家人可以与其一起玩耍的稍微宽阔的儿童房，但是孩子稍微大些他就需要一定的隐私空间，之前那么大的儿童房可能会失去空间意义。孩子再大些，可能希望一个安静的更私密的学习空间，这时就要求一个更小的房间。因此如果我们能设计出像传统日式住宅那种可以自由划分空间，根据实际需要变化大小的儿童房，就再好不过了，我们不妨称为"自由房间"。就像之前设计收纳空间的时候所列举的衣柜空间一样，设计一些房间的时候我们不妨跳出思维的条条框框，根据实际的使用需求，设计真正使用方便的灵活性空间，如此设计的住宅难道不更能带给人安心感和舒适感吗？

　　在设计之初要求将室内划分为很多小功能空间的户主，一般只是需要一个可以让自己独立思考的地方，

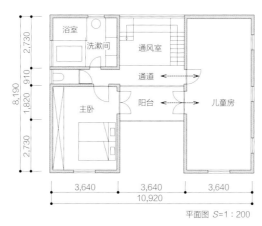

平面图 S=1:200

注：在日本，1帖等于1.62m²。日本所说的1帖相当于1张榻榻米大小。

这时我会提议设计一个私密的小空间（有的甚至不安装门），这个小空间同样可以满足户主的心理需求。

在设计卧室的时候，声音是一个很有意思的因素。经常有户主要求设计一个隔声很好的安静的可以让小宝宝安心睡觉的房间，当然这是正常人的"常识"，但仔细想想，如果是要模拟母亲身体的环境，难道真的要一个完全安静的空间么？我认为小孩在母亲身体中睡觉时会听到各种声音，或许这些琐碎的声音更有助于小孩睡眠，所以我都会用百叶窗或者帘状隔板为儿童房做分隔。虽然视觉上隔离了光线，但是父母的声音和家人的活动气氛可以传入房间，让小孩更安心地入睡。不只是儿童房，我经常听到老年人反馈说，一个人在一个特别安静的房间里就会心发慌，感到害怕以至于无法入睡。如果能听到有人在聊天或者能感觉到门对面有人在活动才可以安心地睡觉。感觉有人在身边才能安心休息，或许是被看护者共同的心理需求吧。

在现代住宅中用纸门分割的"榻榻米房间"大多用作亲人拜访时的临时卧室。我觉得十分没有必要在家里设计一个一年只用几天的房间。所以我多年前就着手研究如何让榻榻米房间适应现代人的实际使用习惯。比如，我们可以将榻榻米房间设计在起居室旁边，当作起居室的延伸部分，也可以当作小型的书房或茶室。就算不将其当作起居室的一部分，我们也希望可以赋予榻榻米房间一些实用的使用功能，把它变成一个自由的空间，而不是单纯地用作亲人探亲的临时卧室。

另外，卧室是一个人最能放松身心，缓解疲劳的地方，所以卧室一定要根据户主不同的休息习惯进行设计。比如有太暗了会睡不着的人，也有一点光线就睡不着的人，所以卧室一定要根据户主不同的休息习惯调整设计。其中有一些共同点是一定要注意通风的设计和温度的控制，一般来说温度控制在比起居室稍微低一些较有利于休息。

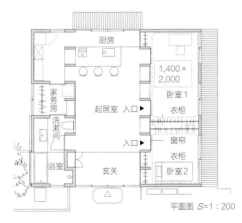

平面图 S=1：200

现在的平面图。卧室之间没有明确的隔断，而以窗帘做模糊分隔，便于之后的改造。

家庭再增新成员也可以分为三个空间使用。

如果孩子长大希望有自己的空间，也可以增设隔断分割为几间不同的卧室。但1.8m的隔断墙让空间保有一定连续性。

> BEDROOM

卧室展开图 S=1：150

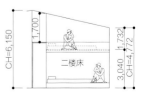

卧室展开图 S=1：150

便于看护的卧室

只用一些家具做分隔的便于看护的卧室。开放式卧室便于进出卫生间，另设有直通室外的门以应对紧急情况。

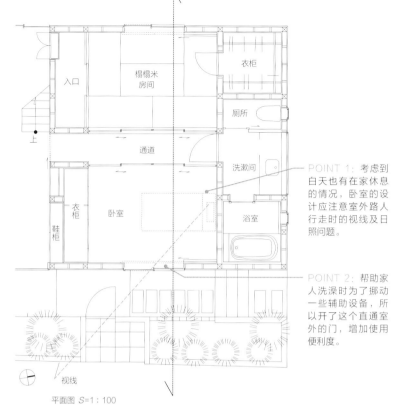

POINT 1：考虑到白天也有在家休息的情况，卧室的设计应注意室外路人行走时的视线及日照问题。

POINT 2：帮助家人洗澡时为了挪动一些辅助设备，所以开了这个直通室外的门，增加使用便利度。

视线

平面图 S=1：100

1. 将家具都挪走的房间照片。晚上睡觉时关闭这些纸门，也能感觉到对面的人在活动。另外，收纳空间设计为更利于看护者使用的样式。

2. 为防止睡觉时的热量流失，在玻璃窗的内侧另设了一道木质门。夜间睡觉时可关闭这个木质门，阻止热量的流失，自行调整适宜睡眠的室内环境。

1. 上床下桌的高度要考虑换床单被罩的便利度做设计。下面宽敞的桌子用起来很舒适。
2. 因为房间小，所以要效利用墙壁面积。设计的高侧窗既能满足小空间的照明需求，也解决了通风问题。

由一对夫妇及两个小孩组成的家庭，户主说他们四个都想要一个自己的卧室，所以我们设计了这个四卧室并列的住宅。卧室前的家庭空间直通二楼，增加室内通透感。

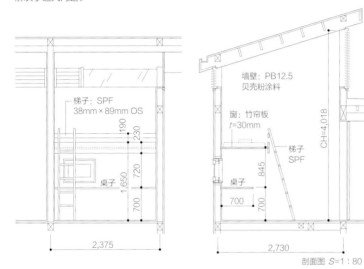

墙壁：PB12.5 贝壳粉涂料

梯子：SPF
38mm × 89mm OS

窗：竹帘板
t=30mm

梯子
SPF

CH=4,018

桌子

2,375

2,730

剖面图 S=1：80

POINT 1：卧室前面设计家庭空间，让独自休息和与家人互动两个动作可以无间隙切换。因为卧室狭小，所以我们十分注重空间的利用率。

POINT 2：直通二楼的家庭空间增加了住宅的通透感，这里可以满足一家四口日常交流活动，也可以举办小型聚会。

面对家庭空间并列设计的四个卧室。在起居室的人可以感觉到卧室里的人的气息。白色墙壁对面是家庭活动空间。

卧室

卧室

卧室

卧室

家庭空间

通风室

2层平面图 S=1：250

环保的榻榻米儿童房

剖面图 *S*=1:300

平面图 *S*=1:300

阁楼一样的儿童房。倾斜的屋顶下设计了书柜。因为小孩患有哮喘，所以以自然的桐木板和榻榻米为室内装修材料。

POINT 1：虽然现在是一个统一的大空间，但是如果有需要也可以设计隔断分为几个小空间使用。最好选用上方通透的隔断，这样可以保证室内的通风质量。

POINT 2：在桌子下方设计收纳空间等，还设计了很多活用低矮天花板的小构造。
（照片来源：Nacasa & Partners）

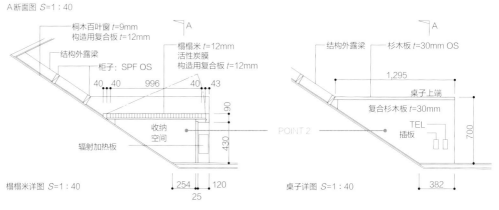

A断面图 *S*=1:40

榻榻米详图 *S*=1:40

桌子详图 *S*=1:40

合理的生活流线

在主卧附近设计了书房和卫生间。以此组织了一条洗澡－看书－睡觉的合理生活流线。

我们在旧收纳柜旁增加一格，形成新的收纳柜，填满了整个墙面。户主可以自由使用这些收纳柜。

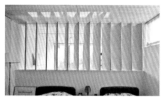

主卧采用百叶窗做隔断，满足了室内采光通风的需求。

由强化玻璃制成的主卧壁柜。因为户主喜欢站着化妆，所以其中安装了一面镜子。

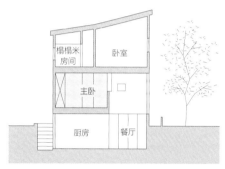

剖面图 S=1：150

可以通过调节百叶窗的角度来控制室内通风质量。通透的百叶窗使空间呈现连续感。

2层平面图 S=1：250

紧邻卫生间的卧室

1. 关闭百叶窗可以完全隔绝光线，让户主安心入眠。
2. 墙面上设计的百叶窗和高天窗创造出有趣的室内光影效果。

在卧室南侧增设了洗漱间和厕所，所以早上起床后户主不用再下楼洗漱了。

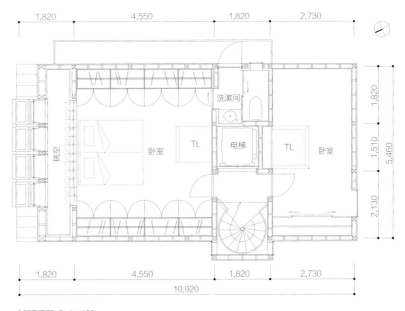

	1,820	4,550	1,820	2,730

洗漱间

挑空   卧室   TL   电梯   TL   卧室

1,820
1,510
2,130
5,460

1,820	4,550	1,820	2,730

10,920

3层平面图 S=1：120

设计时一定要注意，若在墙面上安装壁柜，壁柜会占用房间，使房间显得比原来小一些。但是比起零零散散地设计一些收纳空间，集中的大容量设计可以使房间看上去干净整洁。

在卧室内部设计了大壁柜。为了和现有家具风格保持一致，特地从木匠处定制了壁柜。考虑到要安装在潮湿的环境中，壁柜采用梧桐木制造。

剖面图 S=1∶300

2层平面图 S=1∶300

1层平面图 S=1∶300

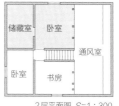

1. 向上看卧室。聚碳酸酯挡板隔绝了两个空间的视线交流。
2. 因为每天都要不断地开关这个门，所以我本不想在此设计隔断，但户主坚持要求，所以最后设计了存在感较弱的聚碳酸酯板隔断。
（照片来源：Nacasa & Partners）

跃层卧室和大壁柜

安装壁柜或在墙面另设收纳空间时要根据住宅其他空间的设计来选择，无论哪种都一定要提前计算好实际需要的收纳空间面积。

因为只有夫妇两人居住，所以没有刻意分隔室内空间，而设计了半开敞的卧室。在床边安装的开放式壁柜和在衣柜旁另设的墙面收纳空间，满足了夫妇俩的所有收纳需求。

2层平面图 S=1∶200

1层平面图 S=1∶200

剖面图 S=1∶200

1. 因为卧室需要一些收纳空间，所以设计了兼做承重结构的墙面收纳柜。
2. 通透的卧室和墙面收纳空间的照片。
（照片来源：Nacasa & Partners）

跃层的卧室和墙面的收纳空间

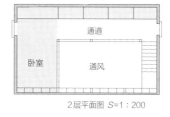

充满旧家具的新榻榻米房

为了满足户主"在新房子里有很多旧家具"的愿望，我们从古董商那里买来很多旧家具安装在榻榻米房中。在选用旧家具时，有一个懂行的木匠做辅助，会取得事半功倍的效果。

3层平面图 S=1：200

1. 三楼的榻榻米房间。我们设计了一阶高差来强调这个房间，这一阶高差具有收纳功能。
2. 从三楼榻榻米房间看起居室和餐厅。特制的窗框和遮阳板给室内带来了有趣的光影效果。

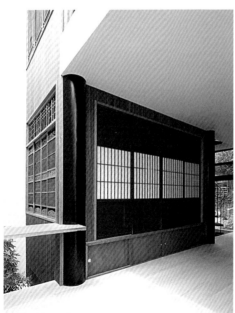

2层平面图 S=1：200

3. 二楼的榻榻米房间。从古董商那里购得的旧家具一般不会有统一的风格。因此如何利用杉木板或格栅在家具和家具之间做过渡就是一个需要仔细探讨的问题。
4. 从二楼榻榻米房间看洗漱间。为了突出旧家具而使用了简单朴素的地面和墙壁材料。浴室前安装的一块大镜子也是为了突出室内的旧家具。

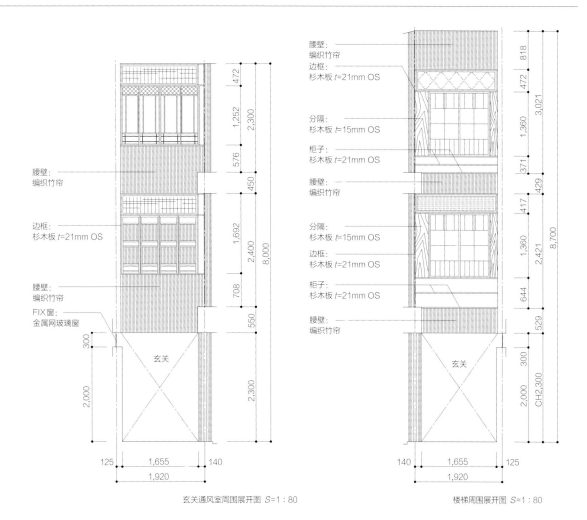

腰壁：
编织竹帘

边框：
杉木板 *t*=21mm OS

腰壁：
编织竹帘

FIX窗：
金属网玻璃窗

玄关

玄关通风室周围展开图 *S*=1：80

腰壁：
编织竹帘

边框：
杉木板 *t*=21mm OS

分隔：
杉木板 *t*=15mm OS

柜子：
杉木板 *t*=21mm OS

腰壁：
编织竹帘

分隔：
杉木板 *t*=15mm OS

边框：
杉木板 *t*=21mm OS

柜子：
杉木板 *t*=21mm OS

腰壁：
编织竹帘

玄关

楼梯周围展开图 *S*=1：80

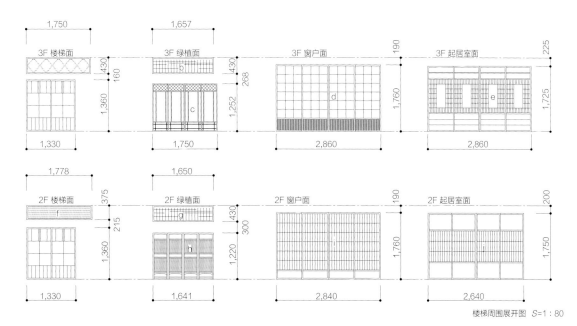

3F 楼梯面

3F 绿植面

3F 窗户面

3F 起居室面

2F 楼梯面

2F 绿植面

2F 窗户面

2F 起居室面

楼梯周围展开图 *S*=1：80

兼做展厅的榻榻米房间

为陶艺家建造的一个可以坐着欣赏陶艺品的榻榻米房间。榻榻米房间地板选用柔软的材料，万一陶艺品掉到地上也不会摔碎。

从玄关到小商铺、展厅天花板的高度不断变化，空间渐渐变得低矮，让人不自觉地从站姿调整为坐姿。

半开放的一楼内部设有兼做陶艺展厅的榻榻米房间。考虑到将来有可能要开设陶艺教室，将玄关、榻榻米房间、手工间、室外工坊、炉灶以环形流线连接。

干净宽敞的榻榻米房间除了用作展厅外还可兼做其他功能空间。

1层平面图 S=1：250

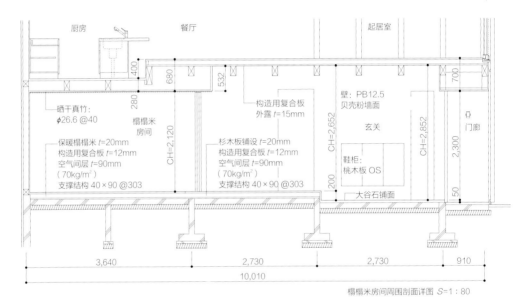

榻榻米房间周围剖面详图 S=1：80

1. 从榻榻米房间看向玄关和手工间。墙壁和家具做了对齐设计，纸门全部打开可以变成一个没有凸凹墙面的整洁大空间。

2. 无边框榻榻米和天然竹材天花板构成了这个有趣的空间。因为天花板只有2.1m高，所以室内有一种像茶室一样静谧的感觉。

榻榻米的家庭空间

　　自古以来日本人非常熟悉的榻榻米房间，都是以与其他房间相连使用的方式存在的，因此我们设计了这个纸门隔断的，与楼梯间相连的榻榻米房间。

　　榻榻米房间也可与儿童房相连，形成家庭交流空间。有朋友拜访需要临时借宿一宿时也可兼做卧室使用。

　　这个低矮的纸门是家庭空间的入口。因为需要弯腰低头才可以进入，人们会自然地坐下来，静静地享受这个像是茶室一样的空间的特殊趣味。

3层平面图 *S*=1∶250

1. 从家庭空间看楼梯间的照片。我们选择玻璃做墙壁上方的隔断，以此分隔空间但又不影响空间的通透性。
2. 从走廊看家庭空间的照片。我们可以看到天花板的高度及铺装材料的变化。

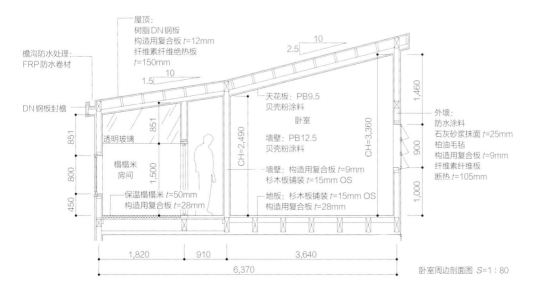

屋顶：
树脂DN钢板
构造用复合板 *t*=12mm
纤维素纤维绝热板
t=150mm

檐沟防水处理：
FRP防水卷材

DN钢板封檐

透明玻璃

榻榻米
房间

保温榻榻米 *t*=50mm
构造用复合板 *t*=28mm

天花板：PB9.5
贝壳粉涂料

卧室

墙壁：PB12.5
贝壳粉涂料

墙壁：构造用复合板 *t*=9mm
杉木板铺装 *t*=15mm OS

地板：杉木板铺装 *t*=15mm OS
构造用复合板 *t*=28mm

外墙：
防水涂料
石灰砂浆抹面 *t*=25mm
柏油毛毡
构造用复合板 *t*=9mm
纤维素纤维板
断热 *t*=105mm

1,820　910　3,640
6,370

卧室周边剖面图 *S*=1∶80

榻榻米会客房

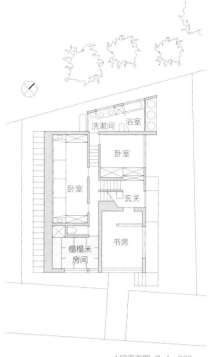

1层平面图 S=1:300

在屋顶下阁楼一样的空间里铺设榻榻米的会客房。为了让室内环境更好地和室外的大海及自然景色相协调，我们设计了梧桐木板装修的墙壁和天花板。

1. 并不是一个传统意义的榻榻米房间，实际上是一个温暖木材环绕的包含了小型收纳空间的自然采光榻榻米房间。

2. 建筑的外观。坐着的位置安装了窗户，既考虑了建筑的立面效果，又防止了视线干扰。建筑立面经常会牵一发而动全身，所以每个部位都要先考虑是否会影响整体效果再做设计。

3. 倾斜的地板和墙面用统一的桐木板铺设，使房间呈现出很强的包围感。低矮的窗户是为了坐着的时候更好地欣赏风景而设。

（照片来源：Nacasa & Partners）

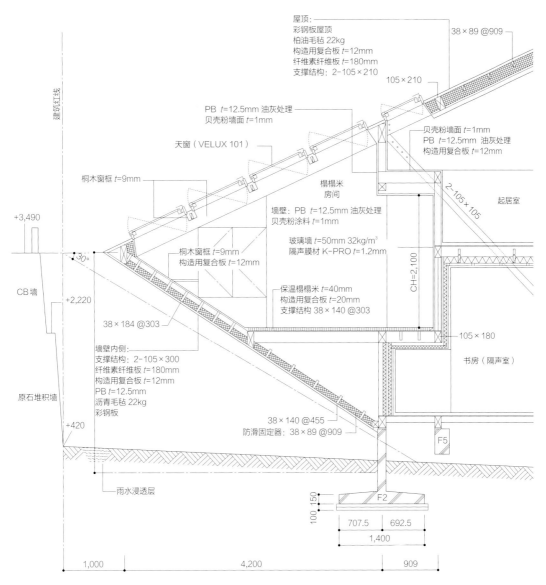

屋顶：
彩钢板屋顶
柏油毛毡 22kg
构造用复合板 t=12mm
纤维素纤维板 t=180mm
支撑结构：2-105×210

38×89 @909

105×210

PB t=12.5mm 油灰处理
贝壳粉墙面 =1mm

贝壳粉墙面 t=1mm
PB t=12.5mm 油灰处理
构造用复合板 t=12mm

天窗（VELUX 101）

建筑红线

桐木窗框 t=9mm

起居室

榻榻米房间

2-105×105

墙壁：PB t=12.5mm 油灰处理
贝壳粉涂料 =1mm

+3,490

玻璃墙 t=50mm 32kg/m³
隔声膜材 K-PRO t=1.2mm

30°

桐木窗框 t=9mm
构造用复合板 t=12mm

CH=2,100

CB 墙

+2,220

保温榻榻米 t=40mm
构造用复合板 t=20mm
支撑结构 38×140 @303

38×184 @303

105×180

墙壁内侧：
支撑结构：2-105×300
纤维素纤维板 t=180mm
构造用复合板 t=12mm
PB t=12.5mm
沥青毛毡 22kg
彩钢板

书房（隔声室）

原石堆积墙

+420

38×140 @455
防滑固定器：38×89 @909

F5

雨水浸透层

F2

100 150

707.5   692.5

1,400

1,000   4,200   909

榻榻米房间周边剖面详图 S=1：60

书房（隔声室）构造
地板：
杉木板铺设 t=15mm
跳板 t=12mm
隔声膜材 K-PRO t=1.2mm
构造用复合板 t=12mm
纤维素纤维板 t=100mm

墙壁：
内侧结构柱
空气间层 t=30mm
玻璃墙 t=50mm 32kg/m³
隔声材料：隔声膜材 K-PRO t=1.2mm
防震膜 t=10mm
墙体龙骨 t=15mm
PD 板 12112 t=26mm
PB，油灰处理
贝壳粉涂料 t=1mm

天花板：
隔震结构体 Z-01
玻璃墙 t=100mm 32kg/m³
天花板骨架固定器
天花板骨架
隔声膜材 K-PRO t=1.2mm
PD 板 919 t=20mm
隔声材料：隔声膜材 K-PRO t=1.2mm
吸声板 t=12mm

昼夜不同趣味的卧室

1. 日落之后，从卧室的南向窗户可以欣赏海边升起的月亮和照耀夜空的星星。夜晚这里仿佛是一个人的观星台。
2. 卧室前的格栅门和旁边的窗户可以调整室内的通风环境。
（摄影：村田昇）

早起时可以欣赏日出东山，下午可以欣赏远方的风景，而夜晚又可以欣赏月夜星空的卧室。卧室的风格随日转星移而变化。

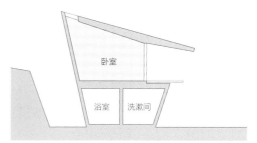

剖面图 S=1：250

白天从高侧窗照射进来的阳光通过白色的墙壁漫反射到整个室内，使室内产生一种朦胧的温暖感。

2层平面图 S=1：250

第 2 章

书房

　　经常会听到男主人说他想要一个书房，那么书房是一个什么功能的空间呢？学习室？兴趣室？还是一个让人可以"藏起来"做自己喜欢做的事的房间？

　　在日本，书房多是男主人房，很少有女主人自己的个人间，如果说书房只是一个用来摆放男主人自己的小物品的房间，那么女主人的小物品要往哪里摆放呢？难道除了书房以外都是女主人的空间吗？这么说好像对又好像不对。

　　一般来说，一个家庭都会设有一个儿童房，在这里孩子可以随意摆放自己喜欢的东西，是自己的一番天地。但是好像并没有专门给父母设计的房间。我以前设计过专门给男主人和女主人使用的"父亲房"和"母亲房"，但是现在想来确实有点怪。当然，如果说家里有母亲喜欢听音乐，那么我会专门设计一个隔声效果良好的音乐室；又或者父亲喜欢品茶，那么我会设计一个和风的茶室，但是这些空间又都有一些特定的功能，和功能定位比较模糊的书房相比有所不同。如果说书房是一个放书看书的地方，似乎也不完全准确，就像之前我们介绍起居室一样，在起居室或者小阳台设计书架放书，让人可以在阳光温柔的上午或者夜空、烛光下看书难道不更舒适吗？

　　所以我更愿意将书房理解为男主人的隐私空间。我们非常容易理解在社会上打拼的男主人想要一个可以自己独处、无人干扰的房间的心理需求。或许男主人有自己的特殊爱好呢？被自己喜欢的东西包围的空间可以极大地放松人的身心。但是书房有必要非和其他房间完全隔断吗？我认为没有必要。我更希望书房可以模糊地被界定开来，里面的男主人空间和外面的家庭空间不应有明确的界限。书房在有男主人自己特色的时候也应对其他家庭成员呈现出一种开放的姿态，比如母亲和孩子们需要读书学习的时候可以借用这里，甚至书房可以成为一个很好的交流场所，父亲可以在这里向孩子讲述自己的经历或展示自己的兴趣爱好。

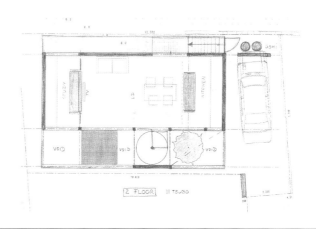

> STUDY

爵士咖啡店风格的书房

将兴趣室（音乐室）和书房进行一体式设计。进入房间之后的一阶高差，让人有一种进入爵士咖啡店的感觉。

墙壁满铺的音乐碟收藏架增加了室内混音效果和房间的隔声效果。（摄影：石井雅义）

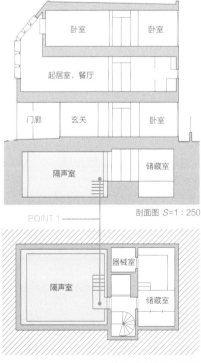

POINT 1 ————

剖面图 S=1：250

地下室平面图 S=1：250

POINT 1：一进入书房就可以看全整个房间，门前设计的一阶高差增加了房间的趣味性。

POINT 2：在书房和门廊之间设计高窗相隔，由此打破书房的封闭性，可以在书房感觉到室外的空间，增加了空间的活跃度。在夜晚的时候从书房透来的微微光亮告诉主人已经有人回家了。

1层平面图 S=1：250

隔声室天花板：
现浇混凝土 t=150mm
隔声膜隔震吊顶 Z-01
天花板骨架 30mm×40mm
玻璃板 t=100mm 24kg
隔声膜 t=1.2mm
PD板 12112 t=26mm
贝壳粉涂料

隔声室地板：
原木地板 t=18mm OS
阻尼板 t=12mm
隔音设备 NEDA t45w t=45mm
找平层 t=45mm
石灰砂浆 t=30mm
现浇混凝土 t=350mm

排水沟

隔声室剖面详图 S=1：50

轻铁结构基础
不和墙壁接触

隔声室墙：
混凝土 t=250mm
轻铁结构基础
隔声膜 K-PRO t=1.2mm
PD板 t=26mm

拉结板
t=12mm 两张
OS

隔声室平面详图 S=1：50

书房内设计的台阶。由几阶台阶向下进入书房，戏剧性的设计增加了书房的趣味性。

从沙发看音乐碟播放器。因为隔声效果很好，所以大音量播放音乐也不会扰民。（摄影：石井雅义）

因为户主是"披头士"乐队的狂热"铁杆迷"，所以在手工模型和CG图片中我们都使用了"披头士"乐队的成员为尺度人模型。在和户主交流的时候这一点成为很好的交流媒介。

全家人共用的书房

这是和明亮欢快的整体风格不同的，让人安心的家庭书房。

家庭成员经常使用的书房设计在整个建筑的最低处，由此创造出和地面最接近的踏实安静的空间，非常适合学习读书、品味下午茶。

POINT：根据室外基础高度、天花板高度、桌子高度及椅子高度而设计的地板高度。

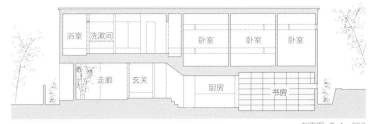

剖面图 *S*=1：250

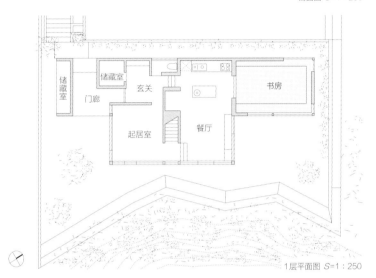

1层平面图 *S*=1：250

横窄窗开在长条书桌上，将室外的景色引入室内。黑色材料和木质铺装营造出安静踏实的空间效果。

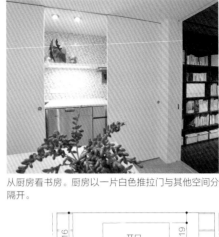

从厨房看书房。厨房以一片白色推拉门与其他空间分隔开。

南侧展开图 S=1：80

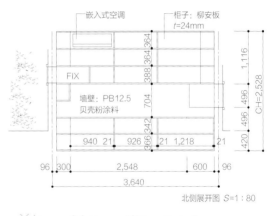

北侧展开图 S=1：80

书房周围平面图 S=1：80

1. 从室外看书房的窗户。
2. 从室内看书房。坐下来之后视线与室外景色同高。
（照片来源：Nacasa & Partners）

男主人书房　女主人书房

男主人书房和女主人书房

两个书房的门都采用一种叫作光临大波的唐纸建造。看上去并不像一个传统意义上的门，给空间带来别样趣味的同时保证了书房的绝对私密性。

在只有夫妇两人居住的房子里设计了两个书房。为喜欢坐在地上悠闲读书的男主人设计了天花板低矮的榻榻米书房；而为喜欢在桌椅上读书学习的女主人设计了天花板较高、被书柜所包围的书房。女主人书房的书柜是建筑结构的一部分，所以书柜一直延伸到天花板。

POINT：虽然书房分为两个独立的空间，但是书房入口的门是一个完整的圆，寓意夫妇两人虽在不同房间但心是在一起的。

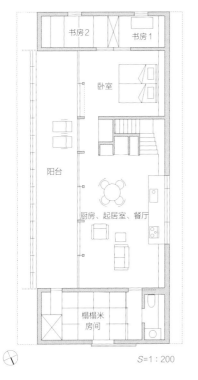

书房2　书房1

卧室

阳台

厨房、起居室、餐厅

榻榻米房间

$S=1:200$

（166、167页所有照片来源：平井広行）

右侧门通向女主人的书房，左侧门通向男主人书房。

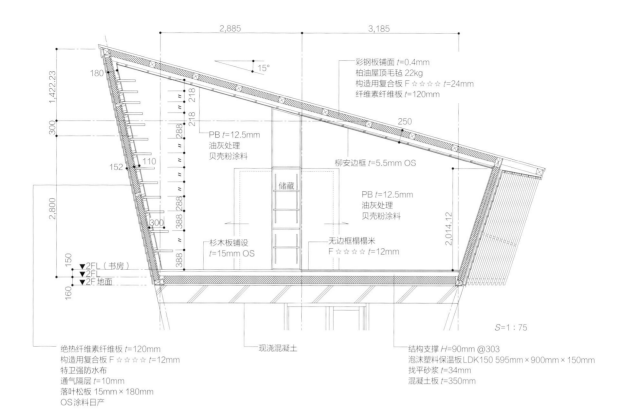

彩钢板铺面 t=0.4mm
柏油屋顶毛毡 22kg
构造用复合板 F☆☆☆☆ t=24mm
纤维素纤维板 t=120mm

15°

2,885   3,185

1,422.23

180

300

218 218 218

288

152   110

288 388 388

300

388

2,800

250

PB t=12.5mm
油灰处理
贝壳粉涂料

储藏

柳安边框 t=5.5mm OS

PB t=12.5mm
油灰处理
贝壳粉涂料

2,014.12

杉木板铺设
t=15mm OS

无边框榻榻米
F☆☆☆☆ t=12mm

150
▽ 2FL（书房）
▽ 2FL
▽ 2F 地面
160

S=1：75

绝热纤维素纤维板 t=120mm
构造用复合板 F☆☆☆☆ t=12mm
特卫强防水布
通气隔层 t=10mm
落叶松板 15mm×180mm
OS涂料日产

现浇混凝土

结构支撑 H=90mm @303
泡沫塑料保温板 LDK150 595mm×900mm×150mm
找平砂浆 t=34mm
混凝土板 t=350mm

直通天花板的书柜，因为书柜是结构的一部分，所以非常结实，可以当作楼梯使用。

榻榻米风格的书房天花板低矮，形成一个悠闲的空间。

卧室旁的书房

书房的照片。右侧书柜的一部分连接起居室的通风空间，所以在书房可以察觉到起居室里活动的人。

从书房看楼梯间，楼上是儿童房。

考虑生活流线而将书房和卧室连接在一起。洗完澡以后户主可以在书房看会儿书，再到卧室休息。

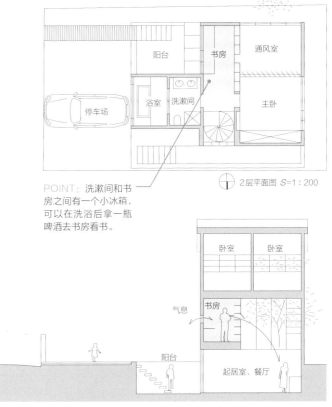

POINT：洗漱间和书房之间有一个小冰箱，可以在洗浴后拿一瓶啤酒去书房看书。

⊕ 2层平面图 S=1：200

剖面图 S=1：200

从一楼起居室看二楼书房中书柜的背后开口。

剖面图 S=1：300

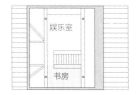

跃层平面图 S=1：300

2层平面图 S=1：300

在跃层空间并列设计的娱乐室和书房。增加了父亲和孩子的交流机会。

从娱乐室看书房。书房和娱乐室以楼梯间做了模糊的隔断。天窗开在北向，所以不会引起室内过热，并改善了室内通风和采光的质量。（照片来源：Nacasa & Partners）

从书房看阳台。（照片来源：Nacasa & Partners）

从起居室向上看书房。为了不显得杂乱而采用了细钢管建造的楼梯扶手。（照片来源：Nacasa & Partners）

开放式书房

向起居室开放的书房，通往屋顶阳台。书房的设计解决了室内的通风和采光问题，同时使室内形成了一个完整的流线。

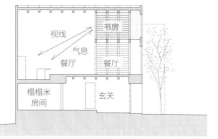

剖面图 S=1：300

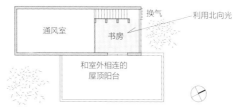

3层平面图 S=1：300

从与书房相连的屋顶阳台可以看海。

可以感受到家人气息的书房

剖面图 S=1：300

从起居室看跃层空间。因为没有设计封闭的隔墙，所以空间很通透，下面的箱形空间是厨房。

将起居室的跃层空间利用为书房。虽然视线被阻断，但是声音可以传到楼下，因此楼下的人可以感受到楼上书房里的人的气息。

POINT：因为书房设计在了跃层空间，所以户主可以在不受他人视线打扰的环境下安静地看书。如果使用门进行隔断，这里就会变成一个孤立的空间，为了防止这种情况，我们以半高的扶手墙做隔断，这样在里面也可以感受到楼下家人的气息。

2层平面图 S=1：300

1层平面图 S=1：300

剖面图 S=1．300

3层平面图 S=1：300

2层平面图 S=1：300

1. 从书房看楼梯间。这里既可以用作会客间，也可关上推拉门变成两个单独的小空间使用。
2. 通过半高的扶手墙分割楼上和楼下，上下的人可以互相听到对方的声音。

第 3 章
光·色彩·材质

摄影：平井広行

温柔的光

从北向天窗投射进来的光，经白墙的反射温柔地照亮整个房间。
（照片来源：Nacasa & Partners）

SOFT LIGHT

LIGHT FROM TOP

室内光影随着时间的变化而变化。
（照片来源：Nacasa & Partners）

天空下溪谷一样的走廊

像是行走在天空照耀的狭窄溪谷中。（照片来源：Nacasa & Partners）

LIGHT CORRIDOR

从百叶围护结构间投射进来的温暖的光充满了整个走廊。（照片来源：Nacasa & Partners）

漏下来的光

像是森林中从树叶间铺洒下来的光。
（照片来源：Nacasa & Partners）

LIGHT FILTERING
THROUGH THE
CEALING

空间里充满了像是从森林深处隐隐透来的光线。

SOFT LIGHT
FROM THE SIDE
AND FALTERING
THROUGH

磨砂玻璃的隔断

磨砂玻璃模糊地分隔了空间，光可以从对面依稀透过。

明亮的墙壁引诱人们上楼

被天窗透来的光照亮的紫色涂料墙和混凝土墙，吸引人们上楼。
（摄影：平井広行）

照片来源：Nacasa & Partners

天蓝色的墙

照片来源：Nacasa & Partners

在白色的室内引入绿色元素

同样的木材
不同的质地

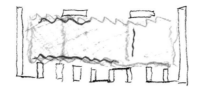

沉重的黑色木材和轻柔的浅色木材共同创造出
这个通风舒畅、质地温柔、花园一样的空间。

材料带来的趣味性

在和风的室内引入深色木质元素，为空间增添一
丝趣味。
（照片来源：Nacasa & Partners）

被光怀抱着的孩子们

照片来源：Nacasa & Partners

水中的
蔚蓝色世界

灯光照耀下随时间变化的樱花色铺装

一般我们都会根据预期的室内温度、湿度、光环境选择具有日本特点的传统颜色装修室内。
（照片来源：Nacasa & Partners）

藏不住的材料质感

材料的质感在墙壁中暗藏的照明设
备照耀下充满了整个空间。
（摄影：平井広行）

有『表情』的砖块墙

间接照明设备照亮了砖墙和脚下的空间。

用小型铁平石砖叠起来的浴室墙。这个带有
迷幻色彩的环境，可以让人忘掉一天的烦恼。

从竹间洒落的光

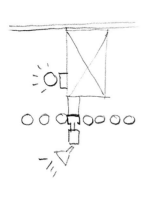

竹林一样的安静的榻榻米房间。
天花板中设计的照明设备，照射
出竹林一样的光影效果。
（照片来源：Nacasa & Partners）

白天被绿植和阳光围绕的起居室，在夜
晚会发出迷人的光芒，照亮漆黑的夜路。
（照片来源：Nacasa & Partners）

立面上孤独的开窗，好像深夜中飞
舞的萤火虫一样。

在室内设计大片的绿色

在室内设计绿植可以让人感到身
心舒适，还可以改善室内湿度、
热环境。
（照片来源：Nacasa & Partners）

四季变幻的斜坡上的绿植自然地流入室内。

摄影：村田昇

泥瓦匠制造的独一无二的作品

利用钢铁创造出的多彩空间

坚硬的钢铁经不同处理后会呈现出不同的状态。圆钢扶手在阳光的照射下，反射出一种温柔的光感。
（照片来源：Nacasa & Partners）

照片来源：Nacasa & Partners

手工制作的纸门充满一种自然感。
（摄影：平井広行）

由FRP 板创造出的无接缝空间

由FRP板创造出的无接缝的纯净空间。FRP
板、聚碳酸酯板和磨砂玻璃的组合使整个房间
显得干净明亮。

被两张聚碳酸酯板夹合的楼梯间，为空间
带来与封闭隔墙不同的趣味。

匠人制造的
现浇混凝土空间

由匠人手工制造的只有木材和混凝
土的空间。木质边框承托着厚重的
混凝土，有一种独特的美感。
（摄影：平井広行）

随意堆砌的自由的砖墙，有一种木
棉豆腐似的特殊质感。
（照片来源：Nacasa & Partners）

第 4 章

细节设计

　　细节是材料和材料之间的对话，是建筑设计中的一个个小问题。但绝不可因为是小问题而轻视它，就像创作音乐一样，整个建筑设计是由一个个细节"音符"谱写而成的，每个细节的设计是否成功决定了整个建筑设计是否成功。每个音乐家都有他不同的创作风格，每个户主的审美也有所不同，所以我们要根据不同客户的不同需求，实事求是地去做细节设计。

我认为，细节设计就是要做到让户主不感到奇怪。以人做比方，那就是要设计一个比例协调的、身体健康的人。什么意思呢？意思是在我们交工、户主实际居住进来后，如果在生活的多少年里都没有发出"啊，这里好不方便"或者"这里看起来好怪"这样的感慨，那么我们的细节设计就算是成功了。空间内凡能进入视线的东西都会影响人的心情，所以细节一定要根据实际居住者的审美去设计。比如有人喜欢平滑无接缝的墙面，也有人喜欢露出螺栓或者榫卯结构的拼接墙，而这种细节处的处理手法，会直接影响整个建筑的空间效果。所以我认为细节设计并没有对错或优先等级之分，而全在于户主的个人审美。

　　另外，之前也说过细节设计是材料和材料的碰撞，是一首由材料组成的诗歌。现代的建筑市场充满了各种材料，如何利用这些不同风格、不同质感的材料建造一个统一的、协调的、令人舒适的家，就是我们工作的重点。我认为家就是一个小型的社会，所以在选择材料时我非常看重和谐感，建造一个没有违和感，让人感觉每一块材料都好像就应该是在这里一样的家，是我设计生涯所追求的理想。

　　为了达到这样一个效果，除了和户主的及时交流以外，和施工者的交流也是非常重要的。如果在实际施工中遇到变数和困难，设计师应该和户主、实际施工者一同探讨解决方法，而不是自己去做决定或任由施工者发挥。在不断的沟通中推进设计，这样才能建造出一个令人满意的作品。

>DETAIL

磷酸盐涂膜钢板遮雨板

　　磷酸盐涂膜钢板比普通钢材要厚，因此在特殊处理或者弯曲加工的时候需要用到很多辅助材料或辅助工艺。我们要考虑建筑的实际需要去选择合适的材料。

阳台入口的照片。入口的遮雨板用30mm厚的钢板加工制成，从视觉上和结构上来讲都非常合适。

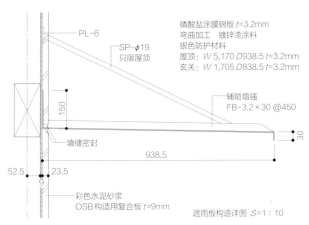

PL-6

SP-φ19
只限屋顶

磷酸盐涂膜钢板 t=3.2mm
弯曲加工　镀锌漆涂料
银色防护材料
屋顶：W 5,170 D938.5 t=3.2mm
玄关：W 1,705 D838.5 t=3.2mm

辅助增强
FB-3.2×30 @450

150

30

填缝密封

938.5

52.5　23.5

9

彩色水泥砂浆
OSB构造用复合板 t=9mm

遮雨板构造详图 S=1：10

玄关前的遮雨板采用和阳台遮雨板一样的材料建造，以肋拱结构支撑。

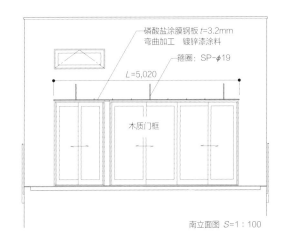

磷酸盐涂膜钢板 t=3.2mm
弯曲加工　镀锌漆涂料

箍圈：SP-φ19

L=5,020

木质门框

南立面图 S=1：100

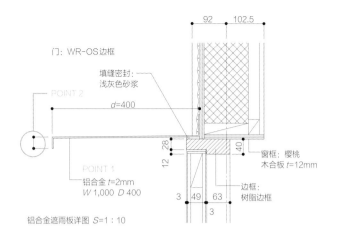

门：WR-OS边框

填缝密封：
浅灰色砂浆

POINT 2

d=400

92 102.5

POINT 1
铝合金 *t*=2mm
W 1,000 *D* 400

铝合金遮雨板详图 *S*=1：10

12 28

3 49 63

3

40

窗框：樱桃
木合板 *t*=12mm

边框：树脂边框

铝合金遮雨板

考虑到海边房子的防潮防锈问题而设计的铝合金遮雨板。

POINT 1：铝合金板之间如果有拼接处就很容易生锈，所以采用一整块铝合金板制造了遮雨棚。

POINT 2：铝合金遮雨板的末端弯曲，增加了整体的强度。如果弯曲厚度和窗框保持一致，将会取得很好的立面效果。

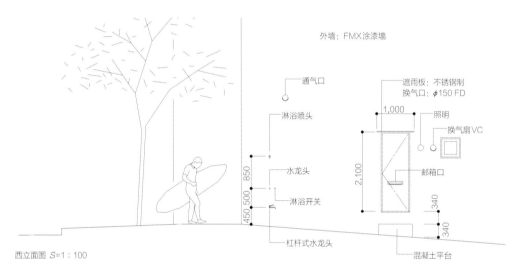

外墙：FMX涂漆墙

通气口

淋浴喷头

水龙头

淋浴开关

杠杆式水龙头

850

450 500

遮雨板：不锈钢制
换气口：φ150 FD

1,000

照明

换气扇VC

邮箱口

混凝土平台

2,100

340

340

西立面图 *S*=1：100

我非常想将门的边框与铝合金遮雨板做一体化设计，但是如果这样设计门框就很容易被雨水浸泡，所以最后放弃了。

和外墙一样的镀锌合金钢板遮雨板

从道路上拍摄的建筑立面照片。突出的阳台成为立面特色。遮雨板和建筑外墙采用同样的材料建造，使立面具有统一感。（照片来源：Nacasa & Partners）

POINT 1：如果想让建筑看上去纯粹一些，那就尽量避免使用过多种类的材料。

为了追求立面的纯粹感和协调感，我们采用了和外墙一样的镀锌合金钢板制造了遮雨板。

阳台部分的照片。为了让阳台板显得轻薄一些，阳台板前段做成了一段段向内收进的形式。

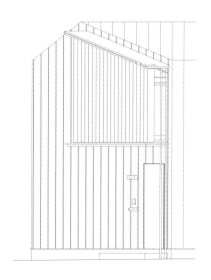

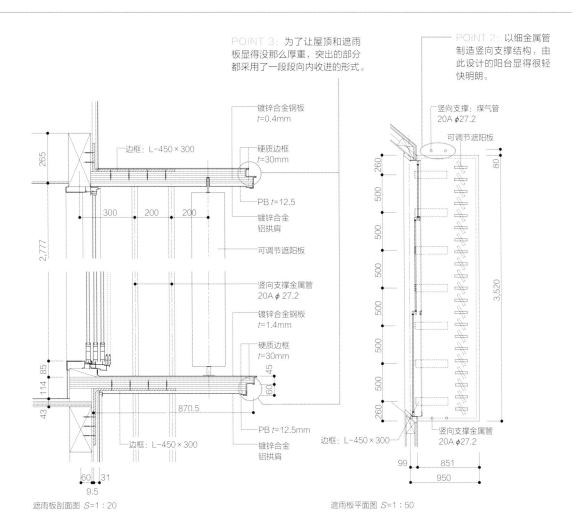

POINT 3：为了让屋顶和遮雨板显得没那么厚重，突出的部分都采用了一段段向内收进的形式。

POINT 2：以细金属管制造竖向支撑结构，由此设计的阳台显得很轻快明朗。

镀锌合金钢板 t=0.4mm

边框：L-450×300

硬质边框 t=30mm

PB t=12.5

镀锌合金铝拱肩

可调节遮阳板

竖向支撑金属管 20A φ27.2

镀锌合金钢板 t=1.4mm

硬质边框 t=30mm

PB t=12.5mm

镀锌合金铝拱肩

边框：L-450×300

遮雨板剖面图 S=1：20

竖向支撑：煤气管 20A φ27.2

可调节遮阳板

竖向支撑金属管 20A φ27.2

边框：L-450×300

遮雨板平面图 S=1：50

POINT 4：设计了檐沟防止雨水飞溅到邻居住宅的墙面。

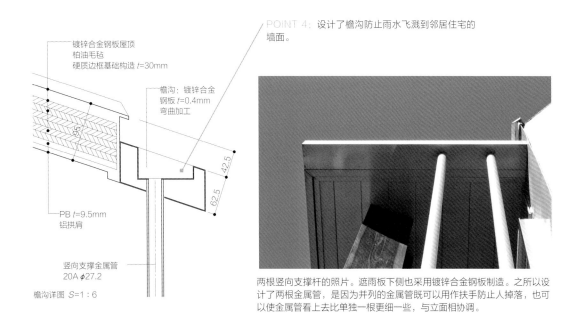

镀锌合金钢板屋顶
柏油毛毡
硬质边框基础构造 t=30mm

檐沟：镀锌合金钢板 t=0.4mm 弯曲加工

PB t=9.5mm
铝拱肩

竖向支撑金属管 20A φ27.2

檐沟详图 S=1：6

两根竖向支撑杆的照片。遮雨板下侧也采用镀锌合金钢板制造。之所以设计了两根金属管，是因为并列的金属管既可以用作扶手防止人掉落，也可以使金属管看上去比单独一根更细一些，与立面相协调。

同样材料制造的扶手和遮雨板

位于建筑正立面，也叫做迎客面的这个阳台，其扶手和遮雨板我们使用了同一种材料建造。由此避免了因材质不同可能导致的视觉重心的分散问题。

POINT 1：虽然也有焊接的地方，但是扶手和聚碳酸酯栏板之间基本都靠螺栓固定。为了突出整体感，我们将螺栓连接处做了隐藏处理。

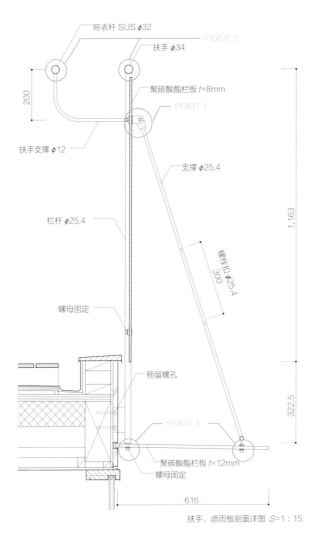

晾衣杆 SUS φ32

扶手 φ34 —— POINT 2

聚碳酸酯栏板 t=8mm

POINT 1

扶手支撑 φ12

支撑 φ25.4

栏杆 φ25.4

螺栓扣 φ25.4
300

螺母固定

200

1,163

322.5

预留螺孔

POINT 1

聚碳酸酯栏板 t=12mm

螺母固定

616

扶手、遮雨板剖面详图 S=1∶15

POINT 2：晾晒衣服的时候，如果晾衣杆和扶手栏杆之间有一定的距离，使用起来就会很方便。因此我们设计了并列的两根钢管做扶手。

为了不影响建筑立面效果而采用了聚碳酸酯栏板。聚碳酸酯栏板防水性非常好，易于清洗。

为了不影响自然采光而设计的，像是凉棚的竹编顶一样的遮雨板。在阳光下产生和长满葡萄藤的凉亭一样的光影效果。

凉棚一样的遮雨板

从正面看遮雨板。通过遮雨板的结构、透明聚碳酸酯板的利用、凸凹墙面的设计共同营造出温暖自然的立面气氛。

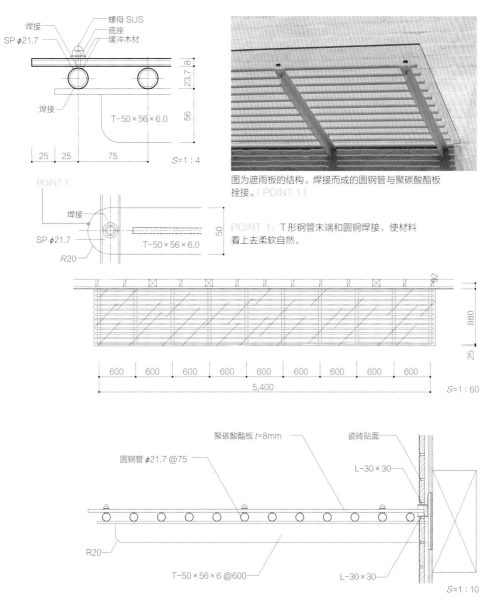

焊接
SP φ21.7
螺母 SUS
底座
缓冲木材
焊接
23.7 8
56
25 25 75
T-50×56×6.0
S=1：4

图为遮雨板的结构。焊接而成的圆钢管与聚碳酸酯板拴接。（POINT 1）

POINT 1
焊接
SP φ21.7
R20
T-50×56×6.0
50

POINT 1：T形钢管末端和圆钢焊接，使材料看上去柔软自然。

92
880
25
600 600 600 600 600 600 600 600 600
5,400
S=1：60

聚碳酸酯板 t=8mm
瓷砖贴面
圆钢管 φ21.7 @75
L-30×30
R20
T-50×56×6 @600
L-30×30
S=1：10

注意：某些地区出于对防火性能的考虑禁止使用聚碳酸酯板做遮雨板。

第4章 细节设计 | 211

扶手和晾衣架的细节①

阳台直接面向起居室时，如何设计晾衣架就是一个问题。单独设计的话会很不美观，给人一种很杂乱的感觉，所以在这里我们将扶手和晾衣架进行一体式设计。

因为基地临海，所以设计了一个通风良好的可以快速晾干衣服的阳台。

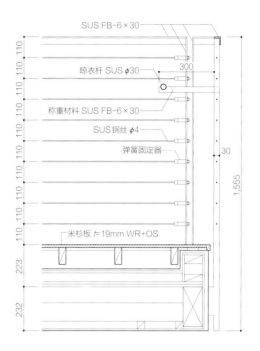

SUS FB-6×30

晾衣杆 SUS φ30

称重材料 SUS FB-6×30

SUS 钢丝 φ4

弹簧固定器

米杉板 t=19mm WR+OS

300

30

1,555

110 110 110 110 110 110 110 110 110 110 110

223

232

扶手详图 S=1：20

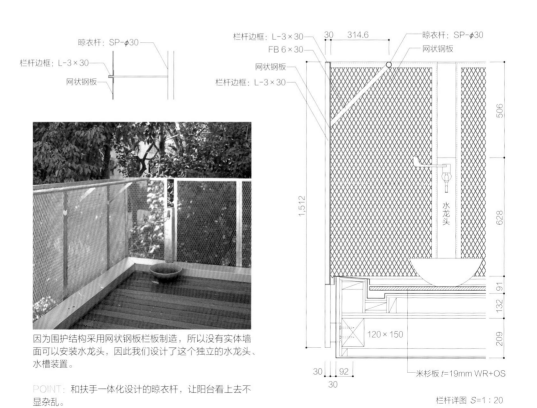

晾衣杆：SP-φ30

栏杆边框：L-3×30

网状钢板

栏杆边框：L-3×30
FB 6×30
网状钢板
栏杆边框：L-3×30

晾衣杆：SP-φ30
网状钢板

30　314.6

506

水龙头

628

91
132
209

1,512

120×150

30　92
30

米杉板 t=19mm WR+OS

栏杆详图 S=1：20

因为围护结构采用网状钢板栏板制造，所以没有实体墙面可以安装水龙头，因此我们设计了这个独立的水龙头、水槽装置。

POINT：和扶手一体化设计的晾衣杆，让阳台看上去不显杂乱。

从室内看阳台。上面的晾衣杆和下面的扶手采用同样的材料质造，由此创造出和谐一致的视觉效果。

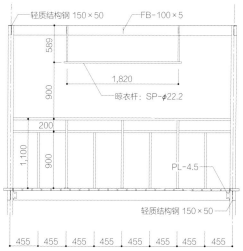

轻质结构钢 150×50　　FB-100×5

589

900

1,820

晾衣杆：SP-φ22.2

200

900

1,100

PL-4.5

轻质结构钢 150×50

455　455　455　455　455　455　455　455

阳台详图 S=1：60

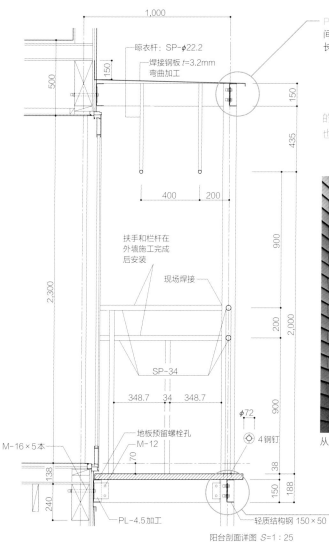

1,000

晾衣杆：SP-φ22.2
焊接钢板 t=3.2mm
弯曲加工

150

500

150

435

400　200

扶手和栏杆在
外墙施工完成
后安装

现场焊接

900

2,300

200

2,000

SP-34

348.7　34　348.7

φ72

地板预留螺栓孔
M-12

900

4钢钉

M-16×5本

70

138

38

240

150　188

PL-4.5加工

轻质结构钢 150×50

阳台剖面详图 S=1：25

POINT 2：户主想要一个宽敞的晾衣空间，所以我们设计了这个有一根3.6m长的晾衣杆的宽敞阳台。

按照日本大正时代的风格设计的建筑，所以阳台的栏杆和遮阳板也选用了大正风格的产品。

从室外看阳台，复古气息十足。

POINT 1：为了突出建筑的复古感，连接处我们都采用螺栓连接，而不是焊接。

注重立面效果的阳台设计

考虑路人抬头向上看的立面效果设计的阳台。阳台的下部构件和扶手，以及屋檐和边框都考虑这个角度的视线做了特殊处理。

1. 考虑到下方的视线设计的700mm高的扶手。如果家里有小孩或宠物时应尽量避免设计这个高度的扶手。

2. 从下方向上看的照片。可以发现阳台并没有满铺木地板，而是在每一块木板之间留了缝隙。由此增加了空气的流动性，改善了室内的通风质量。

3. 扶手没有直接与格栅墙壁连接，而是与之交错一直延伸到墙体中，以此来增加扶手的连续感。

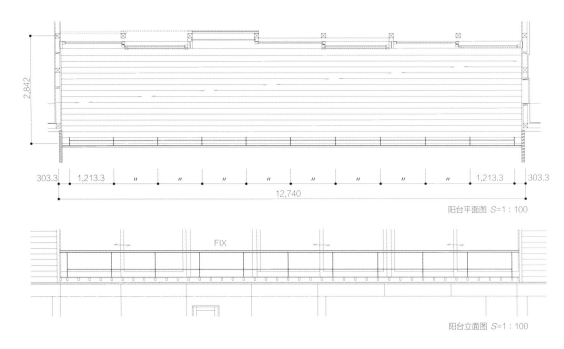

阳台平面图 S=1：100

阳台立面图 S=1：100

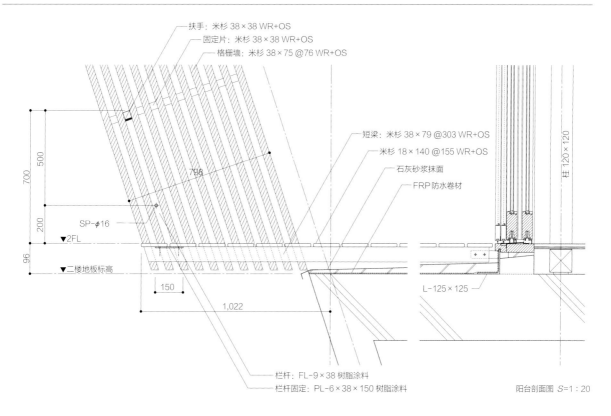

扶手：米杉 38×38 WR+OS
固定片：米杉 38×38 WR+OS
格栅墙：米杉 38×75 @76 WR+OS

短梁：米杉 38×79 @303 WR+OS
米杉 18×140 @155 WR+OS
石灰砂浆抹面
FRP 防水卷材

柱 120×120

700
500
200
96

798

SP-φ16
▼2FL
▼二楼地板标高

150
1,022

L-125×125

栏杆：FL-9×38 树脂涂料
栏杆固定：PL-6×38×150 树脂涂料

阳台剖面图 S=1：20

POINT：倾斜的扶手使雨水自由滑落，可防止木材发霉等，但扶手的木材仍需做防水防霉处理。

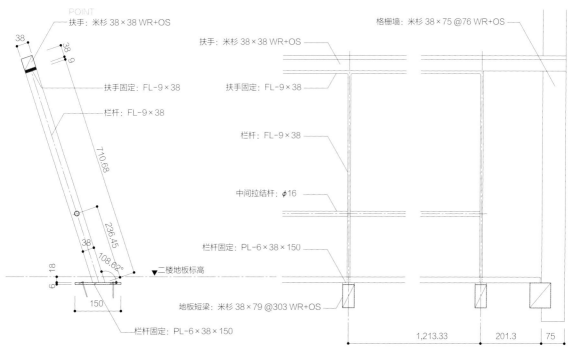

POINT
扶手：米杉 38×38 WR+OS

格栅墙：米杉 38×75 @76 WR+OS

扶手：米杉 38×38 WR+OS
扶手固定：FL-9×38

38
38
9

扶手固定：FL-9×38
栏杆：FL-9×38

栏杆：FL-9×38

710.68
236.45
38
108.62°
18
6

中间拉结杆：φ16

栏杆固定：PL-6×38×150

▼二楼地板标高

150

地板短梁：米杉 38×79 @303 WR+OS

栏杆固定：PL-6×38×150

1,213.33
201.3
75

栏杆详图 S=1：12

成为立面特色的大阳台

在建筑南向为夏日遮阳而设计的L形大阳台，同时也起到了为一楼遮雨的作用。

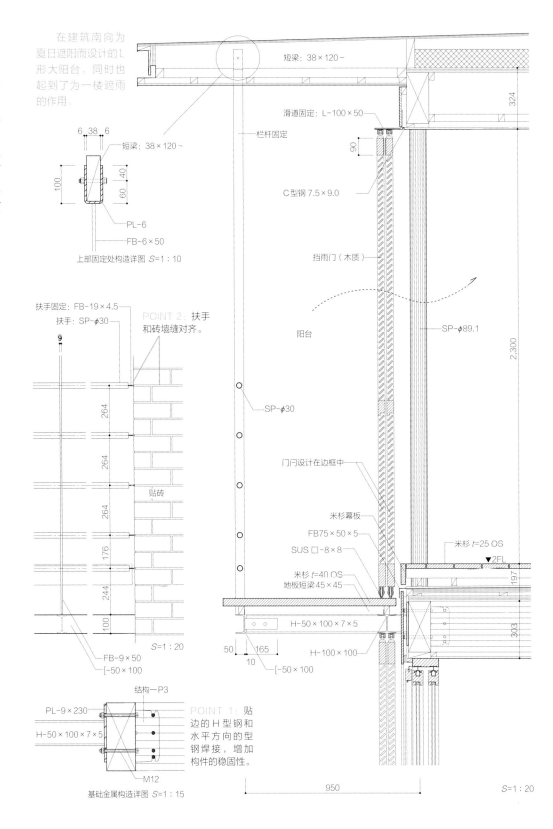

短梁：38×120~

6 38 6
短梁：38×120~
100 60 40
PL-6
FB-6×50
上部固定处构造详图 S=1：10

滑道固定：L-100×50
栏杆固定
90
C型钢 7.5×9.0
挡雨门（木质）
阳台
SP-φ89.1
324
2,300

扶手固定：FB-19×4.5
扶手：SP-φ30
POINT 2：扶手和砖墙缝对齐。
264
264
贴砖
264
176
244
100
S=1：20
FB-9×50
[-50×100

SP-φ30

门闩设计在边框中
米杉幕板
FB75×50×5
SUS □-8×8
米杉 t=40 OS
地板短梁45×45
米杉 t=25 OS
▼2FL
197

H-50×100×7×5
50 165
10
[-50×100
H-100×100
303

结构—P3
PL-9×230
H-50×100×7×5
M12
基础金属构造详图 S=1：15

POINT 1：贴边的H型钢和水平方向的型钢焊接，增加构件的稳固性。

950
S=1：20

1. 910mm间距的H型钢。为了减小结构体的体量感，在悬挑地板边缘使用了C型钢。两种型钢之间产生的影子使结构看上去很轻快。
2. 一楼不以柱子做支撑，而是采用悬挑结构的形式，遮阳的阳台不会遮挡一楼的视线。格栅门的设计使室内的通风质量得到改善。

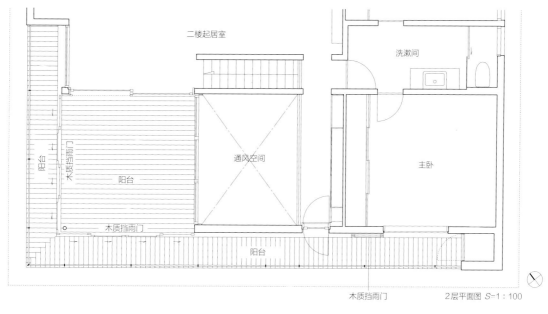

2层平面图 S=1：100

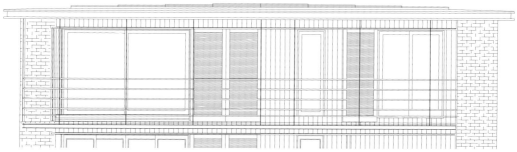

阳台立面图 S=1：100

钢管制的楼梯扶手

楼梯的照片。

因为扶手上是要搭手的，所以要考虑和墙的间距问题。在笔直的楼梯上采用弯曲加工的钢管扶手可以缓解楼梯间的死板感，但是要注意弧度不要设计得过度，如果过于弯曲会影响实际使用。

扶手：FB36×12

栏杆 φ12

墙壁：硅藻土涂料

扶手：圆钢管 φ27.2

POINT

▼2FL

500

▲墙

40

PL-6 φ50

27.2

扶手：圆钢管 φ27.2

CH=2,300

13
12
11
10
9
8
7
6
5
4
3
2
20
1

R=13,000

215.38×13=2,800

踏板：
白色火山灰涂料
防尘板 t=60mm

▼1FL

50 ‖ 220×12=2,640 ‖ 185

150

PL-6 φ50

螺栓固定

R=13,000

圆钢 φ12

梯段展图 S=1:60

POINT：考虑到视觉平衡性，楼梯扶手并没有一直伸到底。

楼梯展图 S=1:60

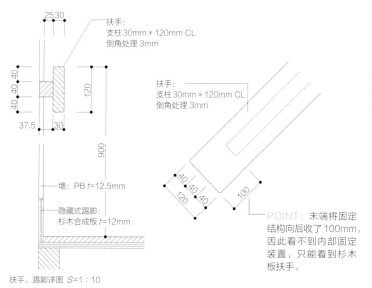

扶手：
支柱 30mm×120mm CL
倒角处理 3mm

扶手：
支柱 30mm×120mm CL
倒角处理 3mm

墙：PB t=12.5mm

隐藏式踢脚：
杉木合成板 t=12mm

扶手、踢脚详图 S=1：10

POINT：末端将固定
结构向后收了100mm，
因此看不到内部固定
装置，只能看到杉木
板扶手。

与旁边的杉木柜
子协调设计的杉木扶
手。比起握着，更适
合扶着下楼的扶手。

木质的楼梯扶手

向下看楼梯。因为踏板和左侧的柜子都是杉木制的，所以扶手也用了杉木板制造。（照片来源：Nacasa & Partners）

活用竹材的天花板设计

为了满足户主想要一个和式书房的愿望，除了榻榻米的地板、传统的纸糊门外，我们还设计了一片竹制的天花板。二楼书房的天花板采用竹材制造。在一层层的竹材间嵌入照明设备，夜晚使用书房时，灯光会透过竹材天花板温柔地照亮整个空间。因为每一根竹子的粗细都不同，所以天花板呈现出非常自然的感觉。

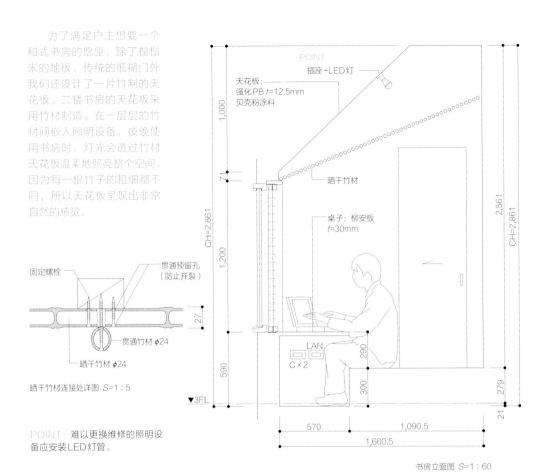

固定螺栓

贯通预留孔（防止开裂）

27

贯通竹材 φ24

晒干竹材 φ24

晒干竹材连接处详图 S=1 : 5

POINT：难以更换维修的照明设备应安装LED灯管。

POINT

插座+LED灯

天花板：
强化PB t=12.5mm
贝壳粉涂料

晒干竹材

桌子：柳安板
t=30mm

LAN
C×2

CH=2,861

1,000
71
1,200
590

2,561
CH=2,861
279
21

290
300

▼3FL

570
1,090.5
1,660.5

书房立面图 S=1 : 60

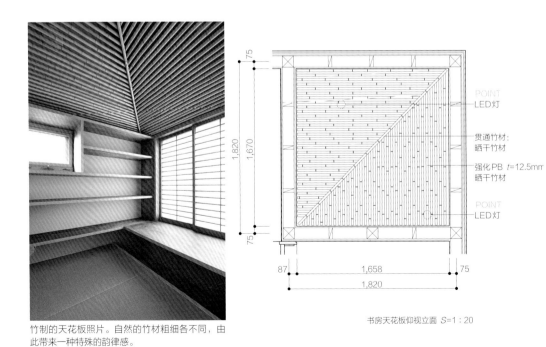

竹制的天花板照片。自然的竹材粗细各不同，由此带来一种特殊的韵律感。
（照片来源：Nacasa & Partners）

75

1,820
1,670

75

POINT
LED灯

贯通竹材：
晒干竹材

强化PB t=12.5mm
晒干竹材

POINT
LED灯

87
1,658
75
1,820

书房天花板仰视立面 S=1 : 20

因为使用桐木材可以让室内充满一种温暖感，所以本次设计从天花板到墙壁的一部分、整片地板都铺设了桐木材。桐木还可以起到调节室内湿度、提升室内空气质量的作用。虽然桐木装修在装修完成时会呈现一种很好的状态，但一定不可忘记桐木是一种很容易变形的木材。

由桐木板构成的榻榻米房间。桐木板材给人一种温暖感，使用大块的木板铺地减少了空间的方向感。（摄影：平井广行）

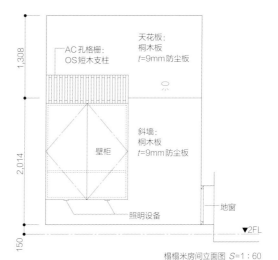

AC孔格栅：
OS短木支柱

天花板：
桐木板
t=9mm 防尘板

斜墙：
桐木板
t=9mm 防尘板

壁柜

照明设备

地窗

▼2FL

1,308

2,014

150

榻榻米房间立面图 S=1：60

桐木板 t=9mm

9

※2~3mm

POINT：因为桐木板热胀冷缩严重，所以在桐木板交界处要设计伸缩缝。

桐木板 t=9mm

桐木板 t=9mm

墙壁：贝壳粉涂料

地窗：挡雨窗

纸门

2,014

3,322

1,950

1,372

650

200

1,616

3,566

1,950

▼2FL

150

桐木板 ← → 无边榻榻米

678

3,600

72.5

765

72.5

150

榻榻米房间立面图 S=1：60

露梁的天花板

向上看天花板。特殊工艺制造的天花板不设梁托，从下面看上去非常干净漂亮。（照片来源：Nacasa & Partners）

屋根
防水卷材 DN 卷材 SR2.0
步行板 t=8mm
绝热：三种断热结构
1/100 找坡 t=30mm～
基础结构：30mm × 40mm
（防水卷材固定）
构造用复合板 t=24mm 外露天花板

复合板榫头

120 × 210　　复合板不设梁托　　120 × 210

910

屋顶构造详图 S=1：30

　　由特殊工艺制造的天花板施工后呈现出完美的视觉效果。复合板制造的天花板没有梁托，显得干净利落。因此我们没有设计吊顶，而将梁与天花板直接暴露给人们欣赏。屋顶一定要注意断热结构的设计，这个住宅的屋顶我们就采用了三种不同的断热结构来保证其隔热性。

泥瓦匠制造的斜天花板

　　在太阳光照下涂刷涂料的斜天花板会因其涂层厚度问题透露出内部的结构，影响室内的整体效果，所以这个房子的斜天花板我们采用泥瓦匠推荐的厚涂料涂刷，泥瓦匠用他精湛的技术抹出了这个漂亮的斜天花板。如果墙壁也采用同样的工艺，将会增加室内的统一感。但这次我们没有这样做，而是将墙壁与天花板区分开来，由此设计出一种别样的协调感。

1. 从天窗照射进来的阳光在斜天花板上均匀地漫反射，照亮整个空间。
2. 施工时的照片。正在处理斜天花板。
（照片来源：Nacasa & Partners）

全部外露的结构

胶合木板下铺满20mm高的结构椽。整片天花板呈现出一种不同于平常天花板的线性效果。在天花板的中部，线性的椽扩散开来布置，分开去支撑两片不同位置的天花板，从室内看上去就像树枝散开一样，有一种自然的美感。

这种天花板设计十分考验施工质量，只有经验老道的师傅才能做出这样一面简单、朴素又得体大方的天花板。

1. 天窗部分的照片。可以看到墙壁和天花板是怎么连接的。
2. 一直延伸到阳台，和黑色地板形成强烈反差的木质线性天花板。

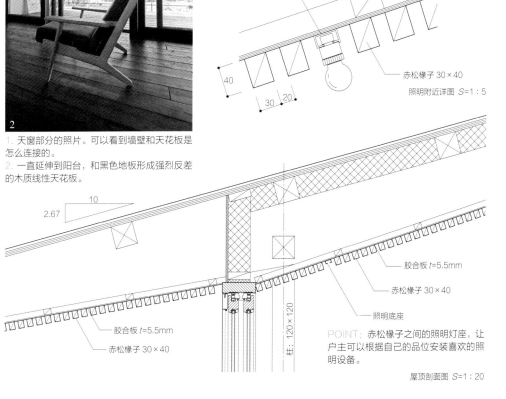

POINT
照明底座

40
30　20

赤松椽子 30×40
照明附近详图 S=1:5

10
2.67

胶合板 t=5.5mm
赤松椽子 30×40
照明底座

柱：120×120

胶合板 t=5.5mm
赤松椽子 30×40

POINT：赤松椽子之间的照明灯座，让户主可以根据自己的品位安装喜欢的照明设备。

屋顶剖面图 S=1:20

人造天空

越开放的空间，人们的视线越容易向上移动，所以在这种建筑中，天花板将不只是一个维护构件，更像是室内的一片天空，影响着空间的效果。在开放的空间中我们一定要注意天花板的设计。

选用1200mm长的100W灯管作为天花板的照明设备。以固定间距安装起来的灯管看起来就像建筑的脊柱一样。

灯管设计在天花板空出的缝隙中，因此和直接挂设的灯管不同，天花板看起来非常干净平整。

天花板的照明设备及各种固定装置也作为一种元素融入整体设计中。左图中的混凝土板和吸声板外露，巧妙地融入整体设计之中。

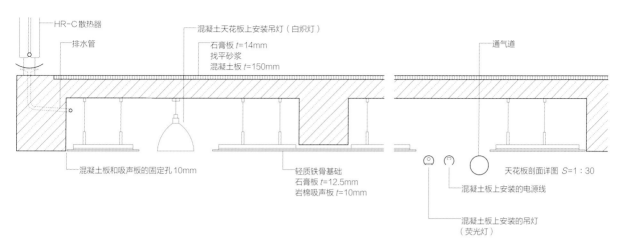

HR-C散热器

排水管

混凝土天花板上安装吊灯（白炽灯）

石膏板 t=14mm
找平砂浆
混凝土板 t=150mm

通气道

混凝土板和吸声板的固定孔10mm

轻质铁骨基础
石膏板 t=12.5mm
岩棉吸声板 t=10mm

混凝土板上安装的电源线

混凝土板上安装的吊灯
（荧光灯）

天花板剖面详图 S=1：30

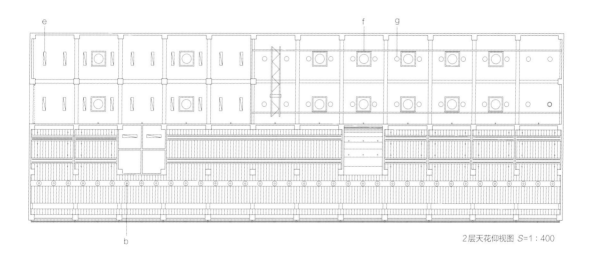

2层天花仰视图 S=1：400

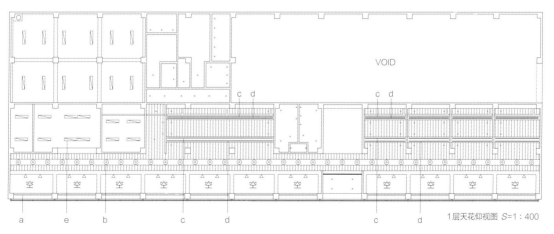

VOID

1层天花仰视图 S=1：400

a 电动百叶窗	e 荧光灯
b 高功率白炽灯	f 高功率荧光灯400W
c 电源线	g 排烟道天窗
d 百叶荧光灯	

与墙面一体的推拉门

我们在这个建筑中使用了中村好文大师设计的具有细腻质感的木质推拉门。推拉门与墙体的一体式设计和把手的隐藏处理增强了细腻的感觉。

POINT 1：没有止门器的推拉门，要注意不要让滑轮划伤天花板。

POINT 2：直通天花板的樱桃木推拉门。因为不想影响天花板的整体感，所以将滑轮安装在门上。门上可以使用V形槽或者T形槽，无论选用哪种槽都要注意推拉门一定要稳固安装。

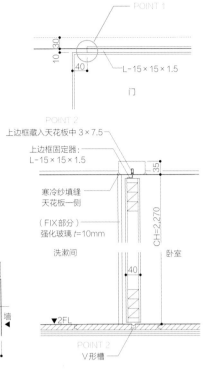

推拉门平面详图 S=1：5

推拉门剖面详图 S=1：5

开门时门和墙面融为一体。

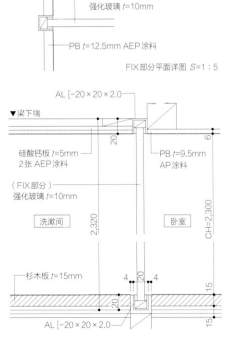

FIX部分平面详图 S=1：5

FIX剖面详图 S=1：5

1. 每次进出这个悬浮的墙洞，都像是进入另一个空间一样。
2. 不用直通天花板的大门时，可以将门设计得比洞口大一圈，使空间显得单纯朴素。

通往另一个世界的墙洞

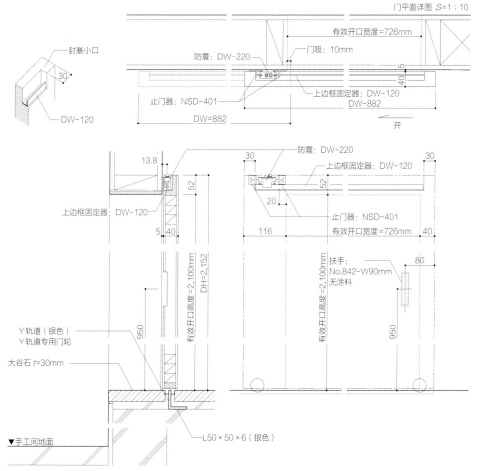

门平面详图 S=1：10

封塞小口
30
DW-120

防震：DW-220
门吸：10mm
有效开口宽度 =726mm
上边框固定器：DW-120
DW-882
止门器：NSD-401
DW=882
开

13.8
52
防震：DW-220
30
上边框固定器：DW-120
52
上边框固定器：DW-120
止门器：NSD-401
20
5 40
116
有效开口宽度 =726mm
40
30

扶手：
No.842-W90mm
无涂料
80

Y轨道（银色）
Y轨道专用门轮
大谷石 t=30mm
950
有效开口高度 =2,100mm
DH=2,152
有效开口高度 =2,100mm
950

▼手工间地面
L50×50×6（银色）

由与地板有一定高差的墙面洞连接的两个空间。洞上没有设计边框，因此有一种迷幻的悬浮感。

干净平整的推拉门

关闭推拉门的样子。门可以完全盖住洞口，与墙面融为一个干净的平面。

虽然我一般喜欢设计通高的推拉门，但有时条件不允许，无法安装。这时候如果果上有很多边框或者扶手等突出的构件会使门显得杂乱不整，因此我们设计了这个没有装饰的平整干净的推拉门。

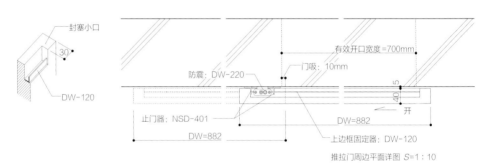

封塞小口
30
DW-120

有效开口宽度 =700mm
门吸：10mm
防震：DW-220
40 5
开
止门器：NSD-401
DW=882
DW=882
上边框固定器：DW-120

推拉门周边平面详图 S=1：10

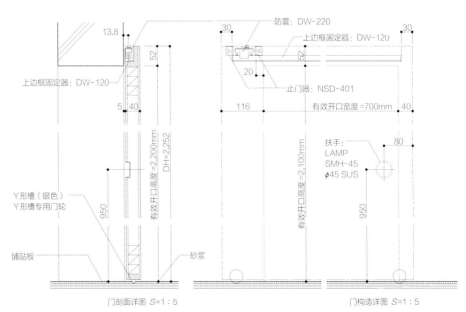

13.8
52
上边框固定器：DW-120
5 40
有效开口高度 =2,200mm DH=2,252
950
Y形槽（银色）
Y形槽专用门轮
铺贴板
砂浆

门剖面详图 S=1：5

防震：DW-220
30
上边框固定器：DW-12U
52
20
止门器：NSD-401
116
有效开口宽度 =700mm
40
扶手：
LAMP
SMH-45
φ45 SUS
80
有效开口高度 =2,100mm
950

门构造详图 S=1：5

地板上固定了通长的∨形槽轨道，因此两扇推拉门可以任意程度开关。

从玄关看过去的样子。两个黑色大门通高，直顶天花板。通长的大门可以让天花板显得很高。（摄影：平井広行）

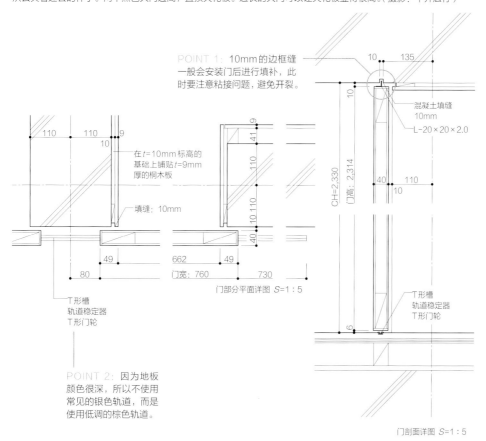

POINT 1：10mm的边框缝一般会安装门后进行填补，此时要注意粘接问题，避免开裂。

混凝土填缝 10mm

L-20×20×2.0

在 t=10mm标高的基础上铺贴 t=9mm 厚的桐木板

填缝：10mm

T形槽
轨道稳定器
T形门轮

T形槽
轨道稳定器
T形门轮

门部分平面详图 S=1：5

POINT 2：因为地板颜色很深，所以不使用常见的银色轨道，而是使用低调的棕色轨道。

门剖面详图 S=1：5

隐藏门的设计方法

隐藏式推拉门（使墙面平整干净）

可以取出的把手
墙壁
门
墙壁
从缝隙看不到墙内

可以拆除

门
门
POINT：拆卸扶手门就会变窄，可以完全拉出来。
墙壁
墙壁

完全关闭时门与墙壁融为一个平面

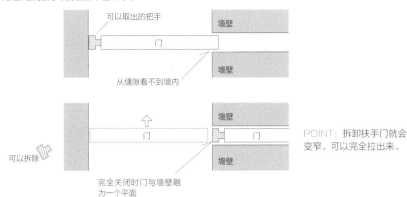

推拉门（不安装可拆卸扶手的情况）

安装内嵌式扶手
墙壁
门
墙壁
可以拆卸门

有必要装修门凹槽内的槽（可以铺贴聚氨酯板等）

因为门设计成可以拆卸修理的大小，所以完全关闭时能看到凹槽内的情况。

墙壁
门
墙壁

虽然非常不推荐，但是也有专门利用这个距离差做设计的手法。

因为推拉门有时需要收进墙内的凹槽中，所以需要在把手处设计一段收缩，方便将门拉出来。为了避免杂乱显得啰唆，因而隐藏设计了门把手。

考虑到门把手的实际使用便利度，这里需要设计一段距离差。

1. 推拉门上设计了隐藏把手，因此不用在门墙之间设计距离差。
2. 门和扶手采用统一材料建造，因此非常有整体感。
3. 安装在地板上的轨道和地板、门框同色，设计时要考虑整体效果而不应纠结于局部。

1. 打开推拉门的样子。门完全收进墙壁之中，完全感觉不到这里曾设有隔断。
2. 关闭推拉门的样子。推拉门没有安装多余的零件和边框，采用一整片木板制造。

推拉门

在此介绍一个隐藏式推拉门的案例，完全关闭时门会全部隐藏起来，留出一个干净的通道。

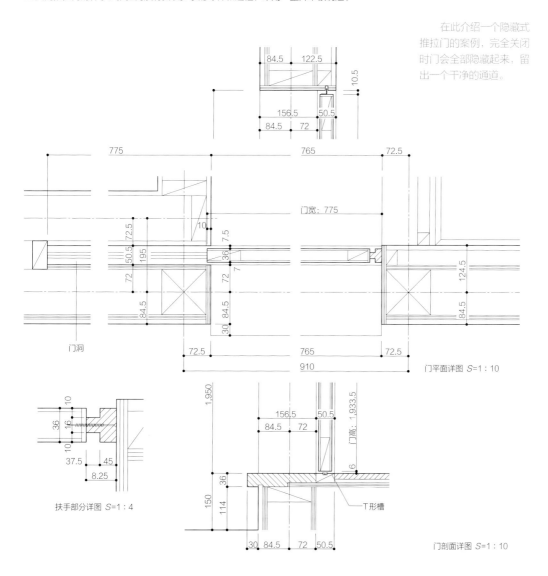

门洞

门平面详图 S=1：10

扶手部分详图 S=1：4

T形槽

门剖面详图 S=1：10

竹制天花板和纸面推拉门

因为三个推拉门都收进同一个墙壁缝隙中，所以只有一扇门设计了把手。

推拉门全部收起来时，这里将融为一个大空间。可以根据纸门的开关调整空间的大小。

纸门收进去的样子。纸门的轨道设计在天花板的竹子之间。

为了让与玄关相连的榻榻米房间不被门的轨道所分割，具有很强的整体感，我们将天花板处的轨道藏在竹子之间，地板上没有安装轨道，而以杉木板浅槽代之。

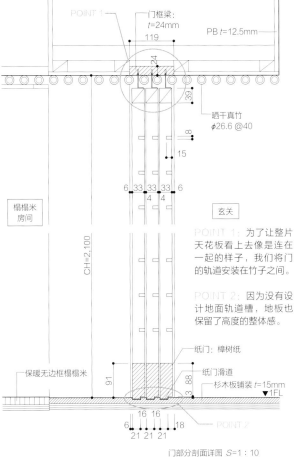

POINT 1：门框梁：t=24mm
119
PB t=12.5mm
24
39
晒干真竹 φ26.6 @40
8
15
6 33 33 33 6
4 4
榻榻米房间
玄关

POINT 1：为了让整片天花板看上去像是连在一起的样子，我们将门的轨道安装在竹子之间。

POINT 2：因为没有设计地面轨道槽，地板也保留了高度的整体感。

CH=2,100

保暖无边框榻榻米
91
纸门：樟树纸
纸门滑道
杉木板铺装 t=15mm
▼1FL
3 88
16 16
6 21 21 21 18
POINT 2

门部分剖面详图 S=1：10

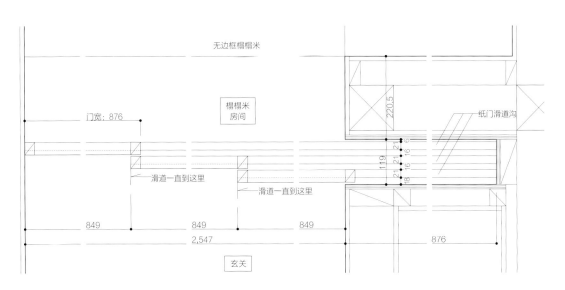

无边框榻榻米

榻榻米房间

门宽：876

滑道一直到这里
滑道一直到这里

纸门滑道沟

220.5
119
21 21 6
16 16
18 16 16
21 21 21

849 849 849
2,547
876

玄关

纸门部分平面详图 S=1：10

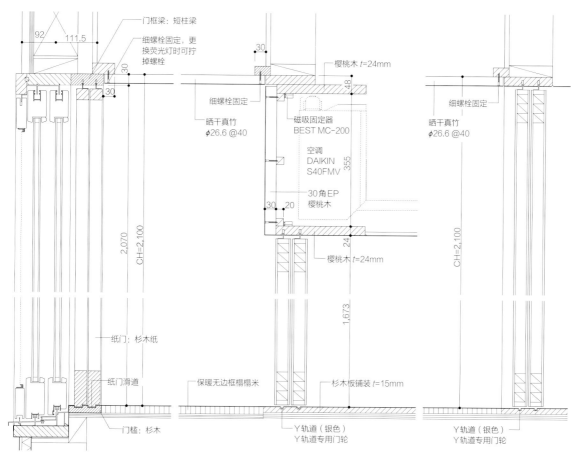

门框梁：短柱梁

细螺栓固定，更换荧光灯时可拧掉螺栓

92　111.5

30

30

2,070

CH=2,100

纸门：杉木纸

纸门滑道

门槛：杉木

木质纸面门剖面图 *S*=1：10

30

樱桃木 *t*=24mm

48

细螺栓固定

晒干真竹
φ26.6 @40

磁吸固定器
BEST MC-200

空调
DAIKIN
S40FMV

355

30角EP
樱桃木

30　20

24

樱桃木 *t*=24mm

1,673

保暖无边框榻榻米

杉木板铺装 *t*=15mm

Y轨道（银色）
Y轨道专用门轮

空调部分剖面详图 *S*=1：10

细螺栓固定

晒干真竹
φ26.6 @40

CH=2,100

Y轨道（银色）
Y轨道专用门轮

推拉门部分剖面详图 *S*=1：10

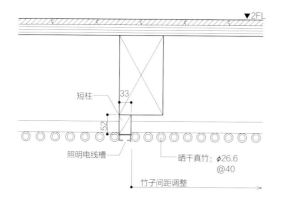

▼2FL

短柱

33

52

照明电线槽

晒干真竹：φ26.6
@40

竹子间距调整

如右图所示，与榻榻米房间部分的纸门不同，收纳部分我们使用的是有Y形槽轨道的推拉门，推拉门上方的格栅里安装的是空调。另外，照明设备安装到天花板的竹子之上，也是一种隐藏式设计手法。

室内遮阳门

为了创造出让户主可以午休的黑暗的环境，我们在阳台内侧设计了这个室内遮阳门，并且在室内遮阳门上安装了防盗锁，保证其安全性。

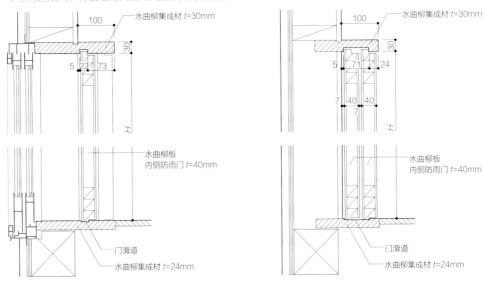

格栅门详图 S=1：10　　　　　　　　墙壁详图 S=1：10

水曲柳集成材 t=30mm
水曲柳板
内侧防雨门 t=40mm
门滑道
水曲柳集成材 t=24mm

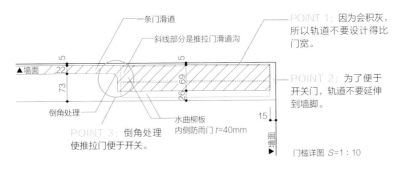

一条门滑道
斜线部分是推拉门滑道沟
POINT 1：因为会积灰，所以轨道不要设计得比门宽。
POINT 2：为了便于开关门，轨道不要延伸到墙脚。
倒角处理
水曲柳板
内侧防雨门 t=40mm
POINT 3：倒角处理使推拉门便于开关。

门槛详图 S=1：10

开关遮阳门可以得到完全不同的室内空间效果。可通过百叶窗调节遮阳门关闭时的室内通风质量。（摄影：中川敦玲）

万一在做饭时突然来了客人，户主可以完全关闭在开放式厨房设计的双向轨道推拉门，让起居室的客人感觉不到厨房的存在。

双向推拉门关闭一半的样子。

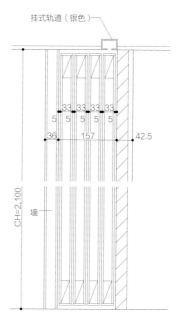

挂式轨道（银色）

33 33 33 33
5 5 5 5 5
36   157   42.5

CH=2,100
墙

剖面详图 S=1：10

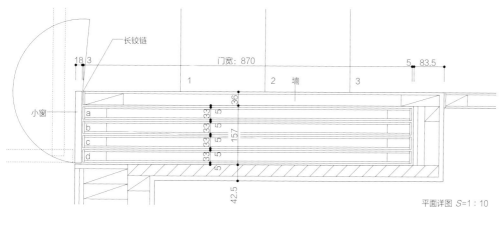

长铰链

18 3

门宽：870

1   2 墙   3

5 83.5

小窗

a
b
c
d

36
33 33 33 5 5 5 5
157

42.5

平面详图 S=1：10

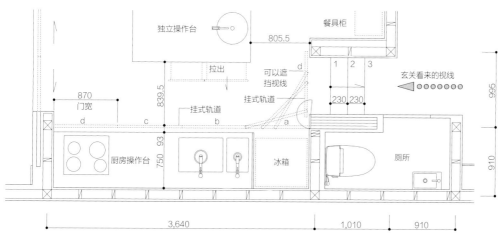

独立操作台

餐具柜

805.5

拉出

可以遮挡视线

挂式轨道

d
1 2 3

玄关看来的视线

230 230

995

870
门宽

d   c   b   a

挂式轨道

839.5

93

750

厨房操作台

冰箱

厕所

910

3,640

1,010

910

POINT：双向推拉门可以完全关闭、完全敞开，也可以部分关闭。完全关闭的门看起来就像是一面平滑的墙壁。

平面图 S=1：10

透明楣窗推拉门

虽然十分不想在走道的拐角处设计一扇门，但这里又是起居室和卧室的分界处，所以功能上需要一个隔断，这种情况下我们可以将隔断门做隐藏式处理。

1. 聚碳酸酯板做的门楣和门边框。使用加厚的聚碳酸酯板，起到一定的止门器的作用。
2. 从卧室看门和走廊。因为层高较高，如果采用一整片门做隔断会显得体量很大，因此门上设计了聚碳酸酯板的透明楣窗，以此来降低门的高度。（照片来源：Nacasa & Partners）

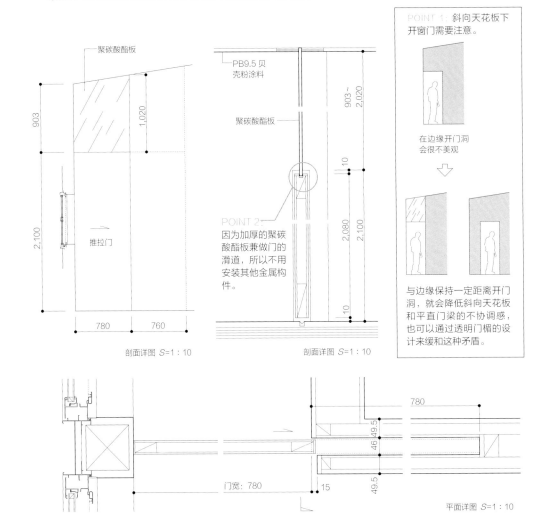

聚碳酸酯板

903
1,020
2,100

推拉门

780   760

剖面详图 S=1：10

PB9.5 贝壳粉涂料

聚碳酸酯板

903 ~ 2,020
10
2,080
2,100
10

POINT 2：
因为加厚的聚碳酸酯板兼做门的滑道，所以不用安装其他金属构件。

剖面详图 S=1：10

POINT 1：斜向天花板下开窗门需要注意。

在边缘开门洞会很不美观
⇩

与边缘保持一定距离开门洞，就会降低斜向天花板和平直门梁的不协调感，也可以通过透明门楣的设计来缓和这种矛盾。

门宽：780   15
46 49.5
49.5
780

平面详图 S=1：10

之前的设计一直在尽力避免暴露门窗边框，以防室内显得杂乱，但也有通过故意暴露门窗边框来强化室内设计效果的设计方法。这次是一个传统风格的和式住宅设计，因此故意暴露门框可以为空间增加古色古香的气氛。

故意露出边框的门

1. 打开推拉门的样子。天花梁、门梁的横向线条与门边框的竖向线条共同编织成了整个和风的空间，形成一个微妙的视觉平衡。
2. 关上推拉门的样子。门和天花板及地板采用同一种木材建造，因此整个空间非常协调。
（照片来源：Nacasa & Partners）

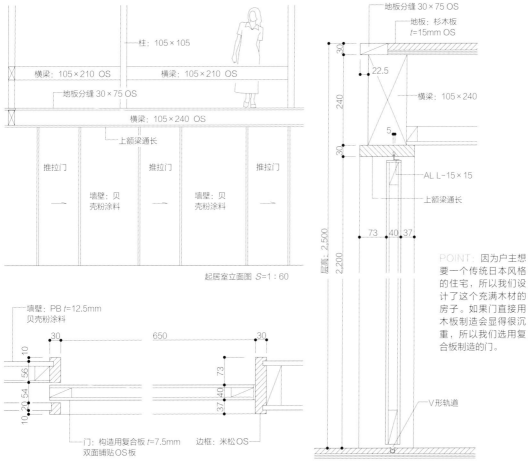

柱：105×105

横梁：105×210 OS　　横梁：105×210 OS

地板分缝 30×75 OS

横梁：105×240 OS

上额梁通长

推拉门　　　推拉门　　　推拉门

墙壁：贝　　墙壁：贝
壳粉涂料　　壳粉涂料

起居室立面图 S=1：60

地板分缝 30×75 OS
地板：杉木板 t=15mm OS

横梁：105×240

AL L-15×15

上额梁通长

层高：2,500
2,200

POINT：因为户主想要一个传统日本风格的住宅，所以我们设计了这个充满木材的房子。如果门直接用木板制造会显得很沉重，所以我们选用复合板制造的门。

墙壁：PB t=12.5mm
贝壳粉涂料

30　　　650　　　30

门：构造用复合板 t=7.5mm
双面铺贴OS板
边框：米松OS

V形轨道

门剖面详图 S=1：10

门剖面详图 S=1：10

露边框的双开门

1. 将眼前所有双开门都打开时的样子。
2. 和原有双开门（右侧）保持一致风格的后加双开门（左侧）。

平面图 S=1：300

　　户主偏爱可以双开的门，并且这种门便于安装双层隔声玻璃，所以为热爱音乐的户主设计了很多露边框的双开门。室内门的边框和围护结构上的格栅门窗彼此呼应，融为一体。

　　考虑到户主喜爱举办小型音乐聚会，所以将门廊、玄关大厅、起居室和餐厅、厨房都设计为统一的风格。作为空间隔断的门也因此在满足功能划分的需求之上，最大限度地保证室内空间的连续感。

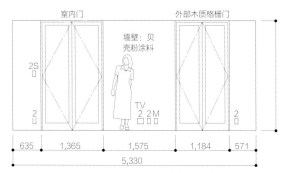

起居室展开图 S=1：80

POINT：室内门和外部格栅门是同一风格的产品，因此室内外有高度的统一感。因为无法安装两个门把手，但又想保证门的视觉平衡，所以我纠结了很久是否要设计一个假扶手，但是最后放弃了。

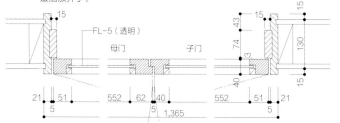

门平面详图 S=1：10

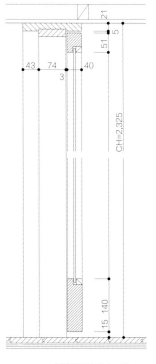

门剖面详图 S=1：10

从起居室看门和天花板。因为天花板选择了外露梁结构的形式，所以门窗也选择了具有明显边框的种类。
（照片来源：Nacasa & Partners）

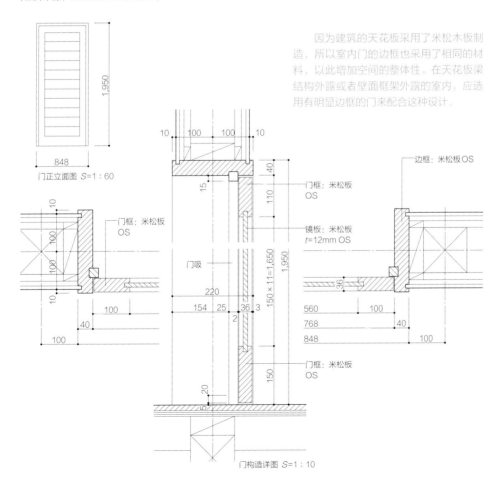

因为建筑的天花板采用了米松木板制造，所以室内门的边框也采用了相同的材料，以此增加空间的整体性。在天花板梁结构外露或者壁面框架外露的室内，应选用有明显边框的门来配合这种设计。

门正立面图 *S*=1∶60

边框：米松板OS

门框：米松板OS

门框：米松板OS

镜板：米松板
t=12mm OS

门吸

门框：米松板OS

门构造详图 *S*=1∶10

和墙壁一体的门

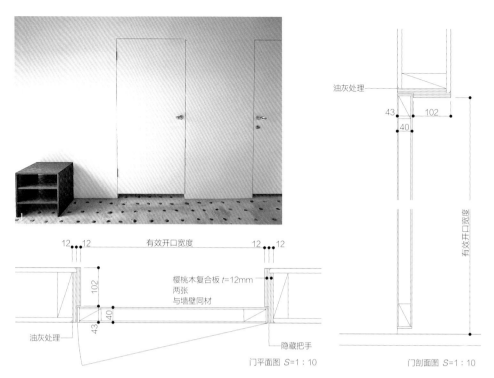

油灰处理

43　102

40

有效开口宽度

门剖面图 *S*=1：10

12　12　　　　有效开口宽度　　　　12　12

102

40

43

油灰处理

樱桃木复合板 *t*=12mm
两张
与墙壁同材

隐藏把手

门平面图 *S*=1：10

隐藏式设计的门把手，使门和墙壁融为一体。尽量不安装金属器件，以致门看起来很复杂，所以这扇门没有锁和固定器，而以上边框安装的磁铁满足其固定功能。

门和墙壁使用了相同的材料，以保证其整体性。如果不想暴露过多门上的金属物件，就需要提前想好如何将把手、锁孔等隐藏起来。

1. 和墙壁融为一体的门。材料和颜色都与墙壁相同，但是扶手和铰链的存在表明这里有一个门。
2. 因为是收纳间的门，所以想要尽量将门隐藏起来，因此设计了无边框、无金属把手的门。

因为走廊尽头是卫生间，所以这个门要起到隐藏卫生间的作用，在巨大RC过梁下的门采用了和墙壁一样的40mm木板制造，由此隐藏了卫生间的存在。

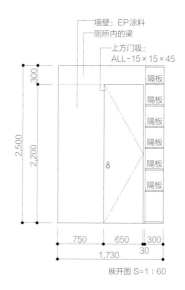

墙壁：EP涂料
厕所内的梁
上方门吸：
ALL-15×15×45

隔板
隔板
隔板
隔板
隔板
隔板

300
2,500
2,200

750　650　300
1,730　30

展开图 S＝1：60

想让门与墙壁融为一体，以此来隐藏走廊尽头的卫生间，所以门把手采用了体量较小的圆把手，也选用了小型的门锁。

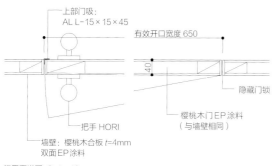

上部门吸：
AL L-15×15×45

有效开口宽度 650

40

隐藏门锁

把手 HORI

樱桃木门EP涂料
（与墙壁相同）

墙壁：樱桃木合板 t=4mm
双面EP涂料

门平面详图 S＝1：10

POINT：由分隔的两个空间性质决定的门的形式及风格。门上的构件如把手、锁孔等如何选择要看这个门分隔的两个空间具有什么样的性质。

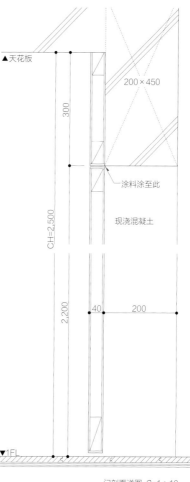

▲天花板

200×450

300

涂料涂至此

现浇混凝土

CH=2,500

2,200

40　200

▼1FL

门剖面详图 S=1：10

挂在墙上的门

通过一小段楼梯进入这个如同挂在墙上一样的悬浮门，门下安装了悬浮的轨道，推开门进入隔壁，有一种很强的戏剧感。

1. 通过一小段楼梯进入门中，门就像是飘浮在空间中一样。
2. 因为想要一个悬浮的推拉门，所以在墙壁上安装了轨道。

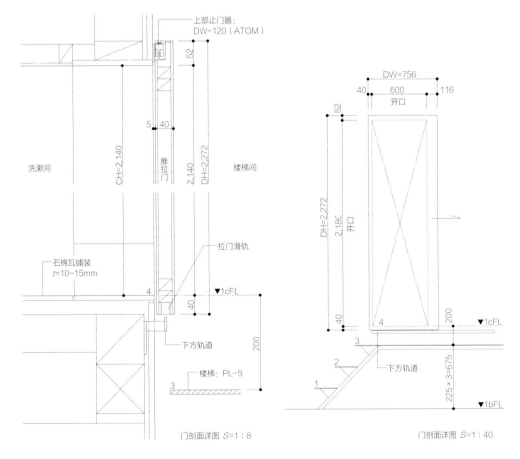

门剖面详图 $S=1:8$

门剖面详图 $S=1:40$

虽然我们经常用平开格栅门分隔浴室，但是本次采用的是推拉门。在浴室安装推拉门时，下部轨道不宜选用易积水、不易打扫的L形轨道，本次我们定制了这个三点支撑的架空轨道。

轨道架空，可以使易发霉的木质门远离积水，防止被水浸泡。

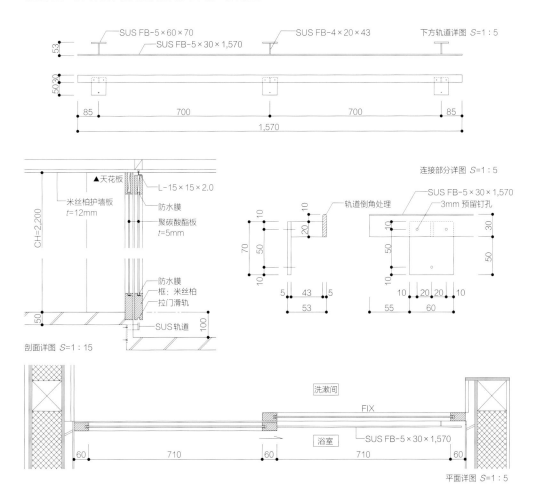

SUS FB-5×60×70　　　　　SUS FB-4×20×43　　　　下方轨道详图 S=1：5
SUS FB-5×30×1,570

53　50 30

85　700　700　85
1,570

▲天花板　　L-15×15×2.0
米丝柏护墙板 t=12mm　　防水膜
聚碳酸酯板 t=5mm
CH=2,200
防水膜
框：米丝柏
拉门滑轨
50　SUS轨道　100

剖面详图 S=1：15

连接部分详图 S=1：5
轨道倒角处理
SUS FB-5×30×1,570
3mm 预留钉孔
10　10　　　10　30
70　50　20　50　50
10　10
5　43　5　　10　20　20　10
53　55　60

洗漱间
FIX
浴室　　SUS FB-5×30×1,570
60　710　60　710　60

平面详图 S=1：5

带楣窗的推拉门

设有楣窗的门，关上门也可以保证室内的通风。门楣、边框和门使用同一种材料建造，以此保证其整体性。

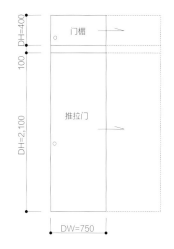

门和门楣都打开的样子。（照片来源：Nacasa & Partners）

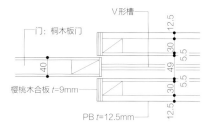

门平面详图 *S*=1：8

门打开，门楣关闭时的样子。

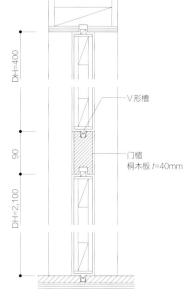

门剖面详图 *S*=1：8

在建筑内部设计的木质百叶窗辅助原有的旧门窗保证室内的采光和通风质量。
金属轴木质百叶片的简单设计使其可以自由调节室内进光量。

1. 卧室设计的百叶窗不禁让人回想起老房子里的旧门窗。百叶窗的设计为现代建筑增添怀旧元素。

2. 木质百叶窗可以调节从落地窗进入房间的光量和风量。

从起居室向上看百叶窗。

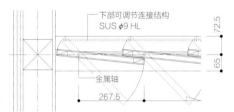

下部可调节连接结构
SUS φ9 HL

72.5

65

金属轴

267.5

木质百叶窗剖面详图 S=1：15

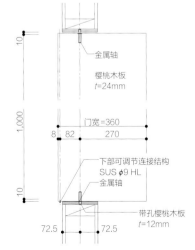

10

金属轴

樱桃木板
t=24mm

门宽=360

8 82   270

1,000

下部可调节连接结构
SUS φ9 HL

金属轴

10

带孔樱桃木板
t=12mm

72.5   72.5

木质百叶窗剖面详图 S=1：15

室外可调节木质百叶窗

室外挂设的可调节木质百叶窗可以调节进光量及进风量，同时也可以在特定时间阻隔室外的视线。

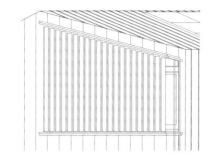

百叶窗立面图 S=1：100

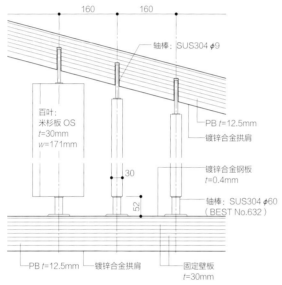

百叶窗立面详图 S=1：10

- 160 160
- 轴棒：SUS304 φ9
- 百叶：
  米杉板 OS
  t=30mm
  w=171mm
- 30
- 52
- PB t=12.5mm
- 镀锌合金拱肩
- 镀锌合金钢板 t=0.4mm
- 轴棒：SUS304 φ60（BEST No.632）
- PB t=12.5mm
- 镀锌合金拱肩
- 固定壁板 t=30mm

从起居室看向窗口。比起在室内设计遮阳设备，外部安装的百叶窗可以更好地防止室外的热量传入室内。

室外百叶窗一般选用米杉板等耐久性较高的木质板材制造，但是木质板材在雨天容易受潮发霉，所以一定要注意防霉问题。经常使用的有：调节百叶窗安装角度、将百叶窗上屋檐适当加长或使用金属制保护边框等方法。

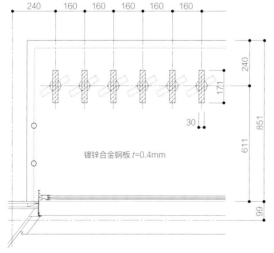

百叶窗平面详图 S=1：10

- 240 160 160 160 160 160
- 240
- 171
- 30
- 851
- 611
- 镀锌合金钢板 t=0.4mm
- 99

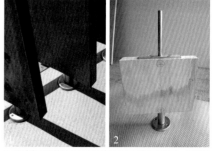

1. 百叶窗下面的轴承固定器选用厕所门常用的款式，防潮性能很好。
2. 使用铰链和圆钢管的百叶固定装置。

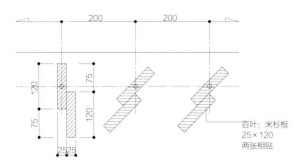

百叶平面详图 S=1：10

百叶：米杉板
25×120
两张相贴

保护室内隐私的木质百叶窗

因为户主非常忙，所以设计了便于晾晒大量衣服的南向大窗台。为了保证室内的隐私性而在阳台上安装了两个重叠的百叶窗。

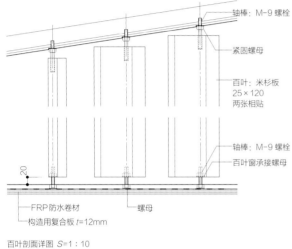

百叶剖面详图 S=1：10

轴棒：M-9 螺栓

紧固螺母

百叶：米杉板
25×120
两张相贴

轴棒：M-9 螺栓
百叶窗承接螺母

螺母

FRP防水卷材
构造用复合板 t=12mm

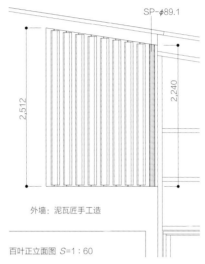

百叶正立面图 S=1：60

SP-φ89.1

外墙：泥瓦匠手工造

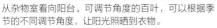

从杂物室看向阳台。可调节角度的百叶，可以根据季节的不同调节角度，让阳光照晒到衣物。

外挂型木质百叶遮阳门

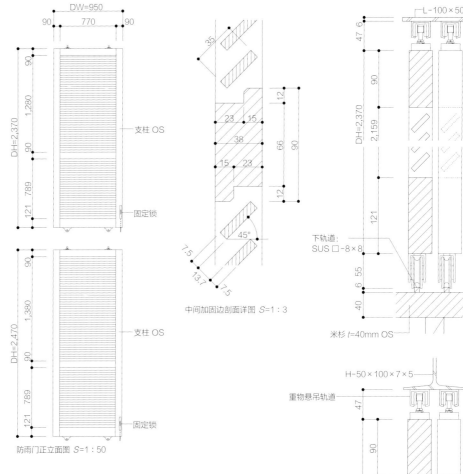

中间加固边剖面详图 S=1:3

防雨门正立面图 S=1:50

米杉 t=40mm OS

边框剖面详图 S=1:6

在夏季炎热的日本，如果不采取一定的遮阳措施，被阳光暴晒的室内会酷热难耐。因此我们设计了这个可以保证室内通风质量的外挂型木质遮阳百叶窗。

因为薄木遮阳板很纤细，容易折断弯曲，所以一定要注意如何设计以保护其结构。这次我们将门边框和薄木板设计在一起，共同组成玻璃门窗的遮阳构件。有时可以通过增加薄木板的厚度来增强门的刚性，但出于美观和通风效率的考虑这次并没有这么处理，而是在门中间增设了一段加固边。设计加固边时要注意其安装高度会影响整个门的立面效果。另外为了让薄木板显得更轻盈，门上全部选用的小型金属构件。

关闭百叶遮阳门的样子。百叶遮阳门既解决了通风问题，也保证了适当的进光量。

百叶遮阳门的外观。

统一门的立面

在建筑的玄关设计玄关门时，应该注意统一室内外的构件风格，使门从内部和外部看上去一致。

从室外看玄关门。如果木质门贯通上下，那么地面部分的木门框可能会受潮发霉，所以我们安装了不锈钢的下边框。

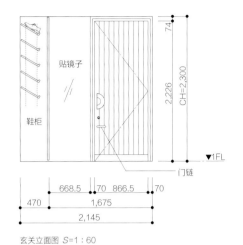

贴镜子

鞋柜

74

2,226　CH=2,300

▼1FL

门链

668.5　70　866.5　70

470

1,675

2,145

玄关立面图 *S*=1：60

972.5　750　372　372

38　896.5　38

320

玄关门：米杉 WR+OS
深灰日产木板

吊灯照明：
MAXRAY MB50154-01

UNION 门把手
T1880-25-038
亮银模铸把手

外墙：人造石砖（白色）

门下边框：SUS　玉沙铺地

▼1FL

51
168
168

玄关门廊立面图 *S*=1：60

从玄关看向门。对称设计的门与天花板墙壁、门旁边的镜子和谐相融，构成漂亮的室内和室外立面效果。

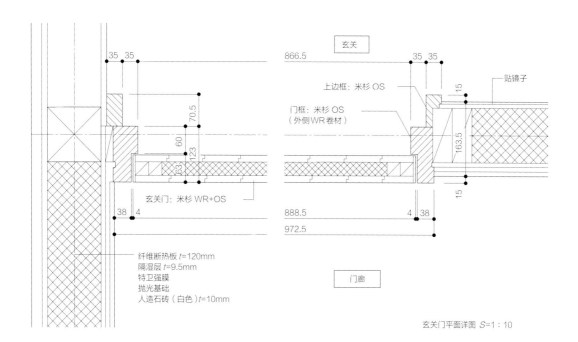

玄关

866.5

玄关

上边框：米杉 OS

门框：米杉 OS
（外侧WR卷材）

贴镜子

35　35

35　35

70.5

60

123

63

15

163.5

15

玄关门：米杉 WR+OS

888.5

4　38

972.5

38　4

纤维断热板 *t*=120mm
隔湿层 *t*=9.5mm
特卫强膜
抛光基础
人造石砖（白色）*t*=10mm

门廊

玄关门平面详图 *S*=1∶10

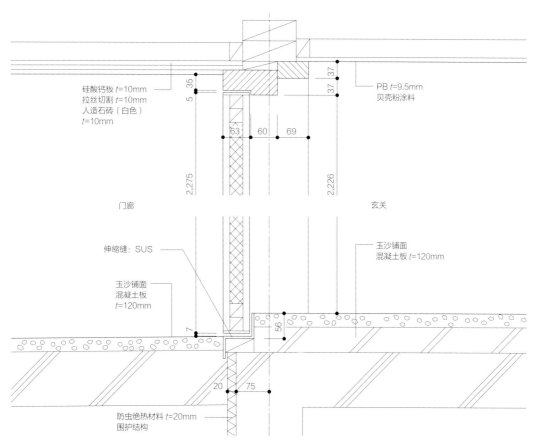

硅酸钙板 *t*=10mm
拉丝切割 *t*=10mm
人造石砖（白色）
t=10mm

5　35

37

37

PB *t*=9.5mm
贝壳粉涂料

63　60　69

2,275

2,226

门廊

玄关

伸缩缝：SUS

玉沙铺面
混凝土板
t=120mm

玉沙铺面
混凝土板 *t*=120mm

7

56

20　75

防虫绝热材料 *t*=20mm
围护结构

玄关门剖面详图 *S*=1∶10

木质落地窗

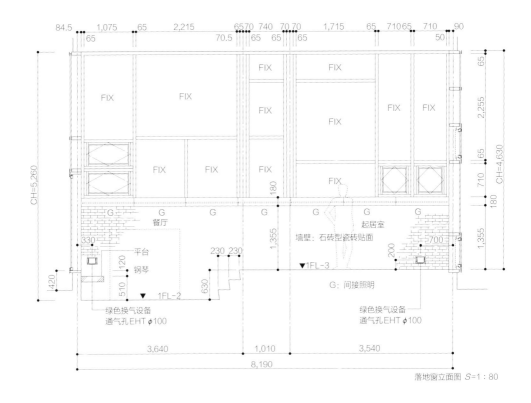

落地窗立面图 S=1：80

5.7m高的木质落地窗。考虑建筑立面效果，室外部分以铝制材料包裹了木质边框。为了强调落地窗的线条感，立面上使用的都是从"森之窗"定制的、具有强烈线条感的门窗。

从室内看向落地窗。窗框和窗框连接的边框厚度要比窗框和梁柱连接的边框厚度小得多。因此落地窗上的线条粗细不等，比较自然，与其背后的自然景观相协调。（照片来源：Nacasa & Partners）

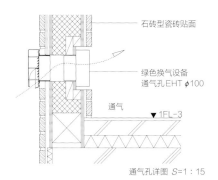

石砖型瓷砖贴面

绿色换气设备
通气孔EHT φ100

通气

▼1FL-3

通气孔详图 S=1：15

1

1. 将换气口涂黑安装在墙面之中，使其尽量不显眼。
2. 从室外看向落地窗。因为会暴露在自然中，所以采用了容易保养的铝合金边框。

2

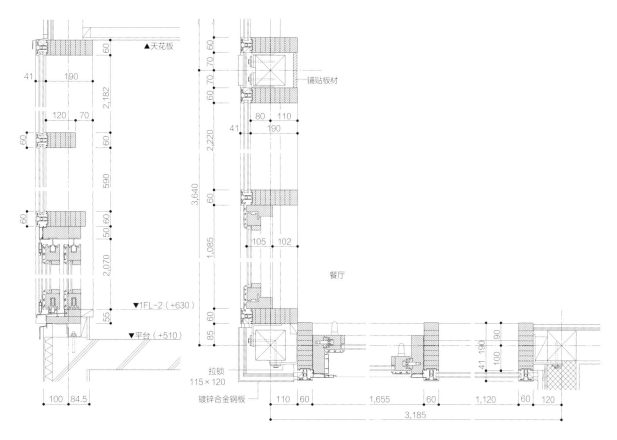

▲天花板

铺贴板材

餐厅

▼1FL-2（+630）

▼平台（+510）

拉锁
115×120

镀锌合金钢板

铝合金边框的水平窄窗

为了让水平窄窗看上去像是一个整体构件，这些连续的窗户的上边框和下边框都采用了同一个构件制造，通过窗户的梁柱结构也都铺贴了和窗框同样的材料。

从室外看上去像是一个整体的水平窄窗，其实是由很多不同大小的窗户拼接而成的。（照片来源：Nacasa & Partners）

从室外看向建筑转角。（照片来源：Nacasa & Partners）

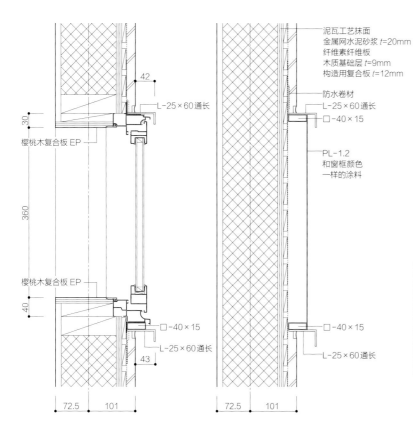

泥瓦工艺抹面
金属网水泥砂浆 t=20mm
纤维素纤维板
木质基础层 t=9mm
构造用复合板 t=12mm

防水卷材
L−25×60通长
□−40×15

PL-1.2
和窗框颜色
一样的涂料

42

30

L−25×60通长

樱桃木复合板 EP

360

樱桃木复合板 EP

40

□−40×15

L−25×60通长

43

□−40×15

L−25×60通长

72.5   101

72.5   101

窗框部分剖面详图 S=1：8

柱子剖面详图 S=1：8

窗框的上下边是镀锌合金钢板条，镀锌合金钢板条防水性较好，可以保护窗框不被雨水浸泡生锈发霉。但镀锌合金钢板条的颜色和窗框有所不同，因此为了保证统一性，在镀锌合金钢板条上涂刷了窗框色的涂料。

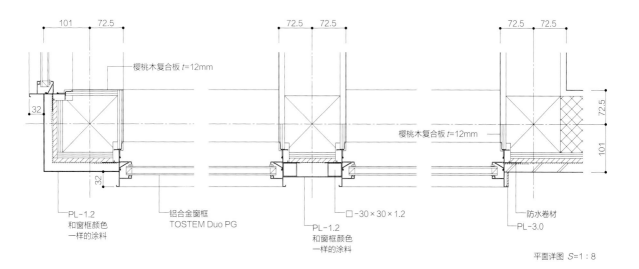

101   72.5

72.5   72.5

72.5   72.5

樱桃木复合板 t=12mm

32

72.5

樱桃木复合板 t=12mm

32

101

PL-1.2
和窗框颜色
一样的涂料

铝合金窗框
TOSTEM Duo PG

□−30×30×1.2

PL-1.2
和窗框颜色
一样的涂料

防水卷材
PL-3.0

平面详图 S=1：8

没有存在感的通风窗口

楼梯间墙壁对面的书柜上嵌入的通风窗口。打开通风窗的样子。外墙是落叶松板，内侧是合成树脂板。

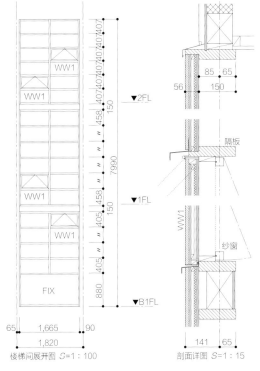

楼梯间展开图 *S*=1：100

上部的圆形开口满足了室内的采光质量，而隐藏在书柜里的小开口则保证了室内的通风质量。

剖面详图 *S*=1：15

信州落叶松（阻燃处理）
t=15mm WR+OS
纤维素纤维板
构造用复合板 *t*=9mm
空气间层 *t*=12mm
反射乳胶 *t*=8mm
书柜喷钉固定

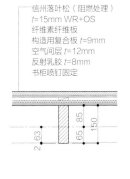

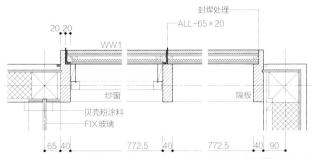

平面详图 *S*=1：15

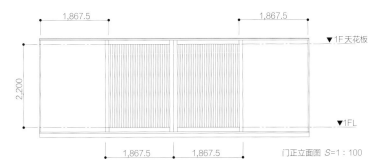

门正立面图 S=1：100

1,867.5　1,867.5
▼1F 天花板
2,200
▼1FL
1,867.5　1,867.5

无边框推拉门

为了隐藏门的边框，将角柱设计成了200mm×105mm的大小。在不使用时门可以收到角柱内侧。另外旁边的玻璃门和格子门也都与这个无边框的推拉门协调设计。无边框的推拉门使室内外空间具有很强的连续性。

门全部收进墙内的样子。因为在无边框门后设计了折叠式纱窗门，所以不用担心夏天的蚊虫问题。

拉上格子门的样子。因为想尽量减少空调的使用频率，所以格子门上也安装了门锁。户主可以不关闭外门，只拉上格子门睡午觉。

（照片来源：Nacasa & Partners）

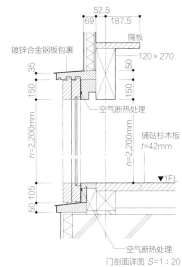

52.5
69　187.5
镀锌合金钢板包裹
隔板
120×270
35
150　50
150
空气断热处理
h=2,200mm
铺贴杉木板
t=42mm
h=2,200mm
▼1FL
50 105
空气断热处理
门剖面详图 S=1：20

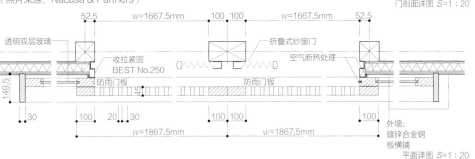

52.5　w=1667.5mm　100 100　w=1667.5mm　52.5
透明双层玻璃
折叠式纱窗门
收拉紧固
BEST No.250
空气断热处理
149.5
防雨门板
防雨门板
45
30　100　20 30　100 100　100
w=1867.5mm　w=1867.5mm
外墙：
镀锌合金钢板横铺
平面详图 S=1：20

连续天窗

连续天窗可以让室内的通风采光更均匀，更接近自然环境。天窗连续建造时一定要和厂家与施工方解释清楚如何解决防水与排水问题，本次设计中我们设计了与水平面之间有一定倾角的天窗解决了排水问题，同时使阳光可以更好地照进室内。

连续天窗。考虑到预算问题没有全部设计为可开启的天窗，但其中一半是可开启的。自动感应天窗可以在晴天自动开启，雨天自动关闭，十分便利。另外天窗很难打理，因此建议使用防尘玻璃做天窗的材料。

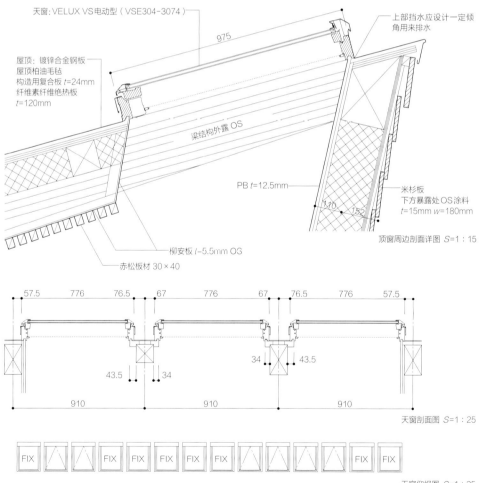

天窗: VELUX VS电动型（VSE304-3074）

975

上部挡水应设计一定倾角用来排水

屋顶: 镀锌合金钢板
屋顶柏油毛毡
构造用复合板 t=24mm
纤维素纤维绝热板
t=120mm

梁结构外露 OS

PB t=12.5mm

米杉板
下方暴露处OS涂料
t=15mm w=180mm

110 152

顶窗周边剖面详图 S=1：15

柳安板 l-5.5mm OS

赤松板材 30×40

57.5 776 76.5 67 776 67 76.5 776 57.5

43.5 34 34 43.5

910 910 910

天窗剖面图 S=1：25

FIX FIX FIX FIX FIX FIX FIX FIX

天窗仰视图 S=1：25

与落地窗相连的天窗上半部分使用可开启式天窗增强了室内通风，下半部分考虑到隐私问题采用磨砂FIX玻璃窗。但另设了可开启窗，如果有需要户主可以通过这些窗看清室外的样子。

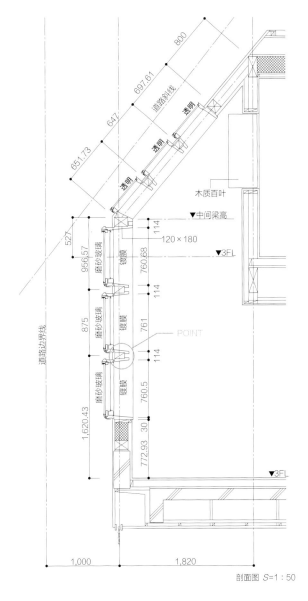

剖面图 S=1：50

主要标注：
800
697.61
647
651.73
527
956.57
875
1,620.43
道路斜线
道路边界线
透明
透明
透明
透明
透明
木质百叶
▼中间梁高
114
120×180
▼3FL
760.68
114
磨砂玻璃　镀膜
761
114
磨砂玻璃　镀膜
POINT
磨砂玻璃　镀膜
760.5
772.93　30
▼3FL
1,000
1,820

为了让边框看上去更轻盈而设计的凹槽，从下向上看去，边框的线条感很强，显得落地窗非常气派敞亮。

最上一排和最下一排是感应式可开启天窗。

POINT：天窗连续建造时，窗与窗之间最少要空出120mm的连接空间。可以在连接结构上挖凹槽或者改变连接结构的颜色和形状来削减其体量感，让天窗显得更宽敞。（参考上图）

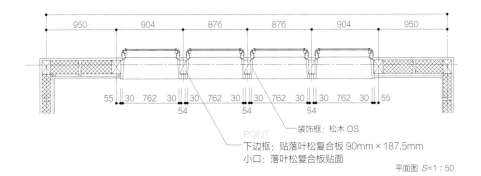

950　904　876　876　904　950

55　30　762　30　30　762　30　30　762　30　30　762　30　55
54　54　54

装饰框：松木 OS
POINT
下边框：贴落叶松复合板 90mm×187.5mm
小口：落叶松复合板贴面

平面图 S=1：50

海边木房的屋顶阳台

结构层、断热处理的附加层、其上铺贴的可上人屋顶贴面、防水卷材构成了这个屋顶阳台的地面构造。主体结构与附加结构之间用专用的橡胶连接，保证其密封性。

1. 从屋顶阳台看向大海。考虑到海风侵蚀的问题，女儿墙上铺贴了防水卷材，另外门窗和扶手边框也加厚为70mm。从室外地面无法看到阳台上的人，所以加厚边框并不影响建筑立面效果。（照片来源：Nacasa & Partners）
2. 在屋顶阳台上举办生日聚会的户主一家。

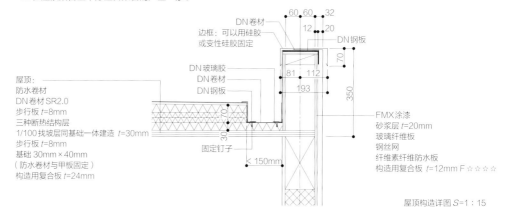

60 60 32
12 20
DN卷材
边框：可以用硅胶
或变性硅胶固定
DN钢板
70
DN玻璃胶
DN卷材
DN钢板
81 112
193
350

屋顶：
防水卷材
DN卷材 SR2.0
步行板 t=8mm
三种断热结构层
1/100找坡层同基础一体建造 t=30mm
步行板 t=8mm
基础 30mm×40mm
（防水卷材与甲板固定）
构造用复合板 t=24mm

固定钉子
< 150mm

FMX涂漆
砂浆层 t=20mm
玻璃纤维板
钢丝网
纤维素纤维防水板
构造用复合板 t=12mm F☆☆☆☆

屋顶构造详图 S=1∶15

3. 铺设防水卷材时的施工照片。
4. 女儿墙的防水构造要和实际施工者商量之后再做决定。工人有时更清楚什么样的结构更有利于防水。
5. 为了便于清理排水管道口，将两个排水道口设计在了相邻的位置。
6. 因为建筑位于潮湿、海风侵蚀频繁的海边，所以防水卷材、纤维素纤维板的连接处都设计成了便于更换的结构。

POINT：考虑到海风的侵蚀和地震的可能性，选用了延伸性较好的防水卷材。

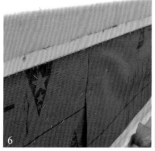

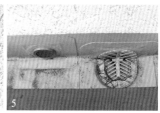

要注意木质阳台的防水和结构设计都有明确的法律规定。

屋顶上土壤较厚的地方种植了较高的树木，土壤较薄的地方则用作草坪。绿化屋顶周围设计的扶手和栏杆与植物共同组成有趣的横向及竖向线条。

考虑到便于更换，使用了不锈钢的可拆卸式排水结构。另外排水沟一定要设计在便于检查清理的地方。

木质绿化屋顶

屋顶绿化的样子。屋顶断热和屋顶绿化共同保证了屋顶的保温绝热效果。另外，屋顶绿化也起到了保护FRP防水层的作用。理论上土壤越厚植物越容易生长，但一定要注意要以水分饱满的土壤重量计算结构可承重的土壤厚度。
（照片来源：Nacasa & Partners）

1. 铺设耐根卷材和防水膜时的施工照片。
2. 施工照片。FRP卷材一直铺贴至女儿墙之上。
3. 屋顶阳台与地面连接处的照片。防水卷材一直铺到阳台踢脚处。

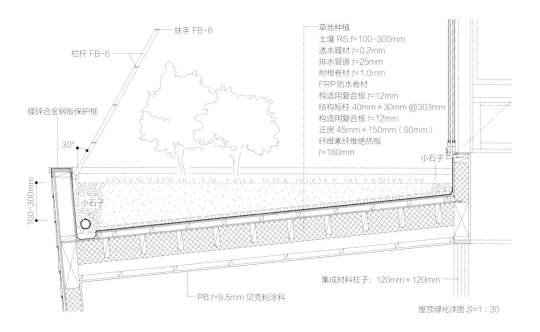

扶手 FB-6
栏杆 FB-6
镀锌合金钢板保护框
30°
100~300mm
小石子

草地种植
土壤 RS t=100~300mm
透水膜材 t=0.2mm
排水管道 t=25mm
耐根卷材 t=1.0mm
FRP防水卷材
构造用复合板 t=12mm
结构短柱 40mm×30mm @303mm
构造用复合板 t=12mm
正房 45mm×150mm（90mm）
纤维素纤维绝热板
t=180mm
小石子

集成材料柱子：120mm×120mm
PB t=9.5mm 贝壳粉涂料

屋顶绿化详图 S=1：30

镀锌合金钢板错位铺

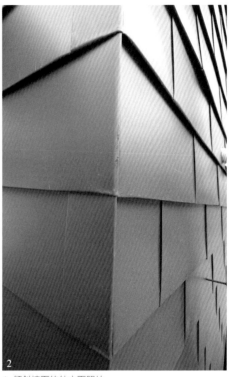

自带倾角的建筑随着高度的变化宽度也不断变化，因此可以用错位铺设镀锌合金钢板的方法来增强立面效果。如果采用横铺或竖铺的方式，则会与倾斜的墙壁不协调。镀锌合金钢板内侧设有防水构造，因此在边界处的钢板不需焊接，只弯曲加工调整长度即可。

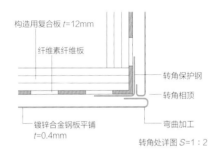

构造用复合板 t=12mm

纤维素纤维板

转角保护钢

转角相顶

镀锌合金钢板平铺 t=0.4mm

弯曲加工

转角处详图 S=1：2

1. 倾斜墙面的外立面照片。
2. 外墙转角部分。如图所示，钢板弯曲加工，因此可以调节长度。

镀锌合金钢板横铺

在建筑外墙横铺镀锌合金钢板的时候要注意钢板连接处的竖向构件需要隐藏处理，否则会打乱立面的横向线条感，显得杂乱无章。

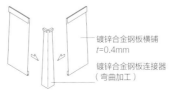

镀锌合金钢板横铺 t=0.4mm

镀锌合金钢板连接器（弯曲加工）

1. 建筑正立面的照片。漂亮的横向线条感。
2. 外墙转角处的照片，使用特殊转角连接材料隐藏了竖向构件。（照片来源：Nacasa & Partners）

银色的竖铺镀锌合金钢板。
（照片来源：Nacasa & Partners）

钢板之间产生漂亮的光影效果。竖铺镀锌合金钢板时要注意钢板与地面相连的结构设计。

竖铺的镀锌合金钢板连接处会产生很好的光影效果。如果连接处过于窄小则容易显得建筑轻薄无力，所以板件连接处应空出15mm左右的缝隙。

镀锌合金钢板有很多种铺贴方式，使用哪种要根据具体建筑风格选择。镀锌合金钢板银色的外观可以淡化伤痕，使其显得不那么明显，因此在日本得到广泛的应用。当然也可以根据想要营造的建筑立面效果涂刷漆料，改变其外观。

镀锌合金钢板竖铺

隔湿层 t=9.5mm
透湿防水卷材
透气层 t=18mm
构造用复合板 t=9mm
纤维素纤维板 20kg
20
镀锌合金钢板 t=0.4mm
镀锌合金钢板竖铺时尽量不做弯曲处理
15

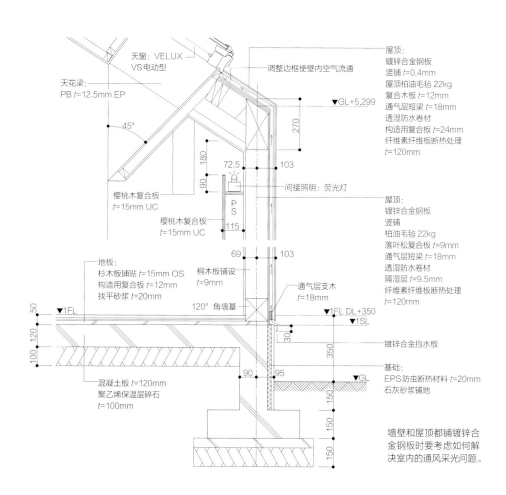

天窗：VELUX VS电动型
天花梁：PB t=12.5mm EP
45°
调整边框使壁内空气流通
▽GL+5,299
270
180
90
72.5   103
樱桃木复合板 t=15mm UC
间接照明：荧光灯
P S
樱桃木复合板 t=15mm UC
115
地板：
杉木板铺贴 t=15mm OS
构造用复合板 t=12mm
找平砂浆 t=20mm
桐木板铺设 t=9mm
69   103
120° 角墙基
通气层支木 t=18mm
50
▽1FL
120
100
混凝土板 t=120mm
聚乙烯保温层碎石 t=100mm
90   95
30
▽1FL DL+350
▽1SL
350
镀锌合金挡水板
基础：
EPS防虫断热材料 t=20mm
石灰砂浆铺地
▽GL
150
150
150

屋顶：
镀锌合金钢板竖铺 t=0.4mm
屋顶柏油毛毡 22kg
复合木板 t=12mm
通气层短梁 t=18mm
透湿防水卷材
构造用复合板 t=24mm
纤维素纤维板断热处理 t=120mm

屋顶：
镀锌合金钢板竖铺
柏油毛毡 22kg
落叶松复合板 t=9mm
通气层短梁 t=18mm
透湿防水卷材
隔湿层 t=9.5mm
纤维素纤维板断热处理 t=120mm

墙壁和屋顶都铺镀锌合金钢板时要考虑如何解决室内的通风采光问题。

增强室内通风的木板墙

因建筑架空处理，且四面墙壁倾斜角度都不同。为了整体统一的效果，180mm的木板每层水平方向都伸出150mm，逐层调整安装。

建筑外观照片。四面都是水平平铺的木板，强调立面的横向线条感。

墙壁施工照片。

POINT：因为墙壁带有一定倾角，所以在墙面水平平铺木板时要提前想好如何处理上下及与倾斜边角的连接问题。一定不要强行切断木板使立面显得很不美观。

另外，在横铺木板时如果木板接缝过于整齐会强调出竖向的线条感，导致墙壁有一种被分裂开的感觉，因此我们没有刻意将接缝对齐，而是让它们自由地遍布全墙。

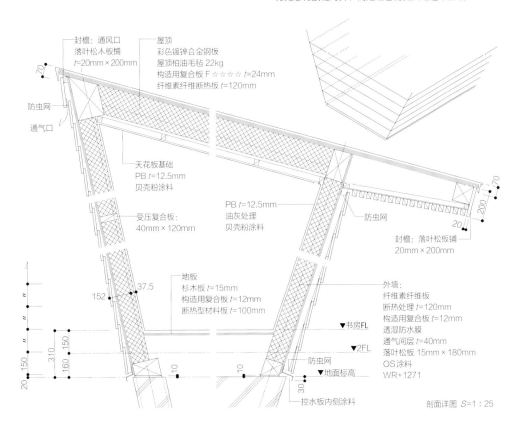

封檐：通风口
洛叶松木板捆
t=20mm×200mm

屋顶
彩色镀锌合金钢板
屋顶柏油毛毡 22kg
构造用复合板 F☆☆☆☆ t=24mm
纤维素纤维断热板 t=120mm

防虫网

通气口

天花板基础
PB t=12.5mm
贝壳粉涂料

受压复合板：
40mm×120mm

PB t=12.5mm
油灰处理
贝壳粉涂料

防虫网

封檐：落叶松板铺
20mm×200mm

地板
杉木板 t=15mm
构造用复合板 t=12mm
断热型材料板 t=100mm

▼书房FL

▼2FL

防虫网

▼地面标高

控水板内侧涂料

外墙
纤维素纤维板
断热处理 t=120mm
构造用复合板 t=12mm
透湿防水膜
通气间层 t=40mm
落叶松板 15mm×180mm
OS涂料
WR+1271

剖面详图 S=1：25

白漆涂刷的西部红雪松木板外墙。

因为西部红雪松油性较大，不容易涂刷颜色，因此我们将木板做了粗糙处理，然后涂刷的白色保护漆，所以涂料和木板粘接很牢固。涂膜类漆会伤及木板，所以要尽量避免使用。

刷漆的铺贴木板

现场打磨是一种古老的表面处理手法，现场打磨的工艺及墙面材料的选择会创造出完全不同的室内效果。

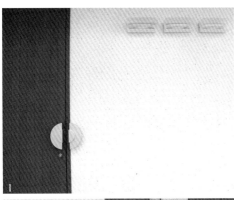

1

2

现场打磨的玄关墙面

3

4

1. 打磨处理后的白色外墙。
2. 师傅正在打磨墙壁。
3. 厨房操作台背后的打磨墙壁。
4. 现场浇筑的浴盆。

干挂石棉瓦外墙

使用干挂石棉瓦建造的建筑立面。因为干挂石棉瓦不易在施工完成后二次调整位置，所以一定要保证第一次的施工质量。

施工照片。辅助干挂的水平装置。

施工完成后的建筑外观。干挂石棉瓦上涂刷白色涂料，使建筑立面看上去整洁漂亮。

湿贴石棉瓦外墙

湿贴石棉瓦的建筑立面。虽然比起干挂石棉瓦，二次施工工程量较小，但也不算是一个小工程，所以也应尽量保证首次施工的施工质量。

湿贴白色石棉瓦的建筑立面。开窗部位内侧也是白色石棉瓦。我们在白色涂料之中混入防尘染料，以保证其整洁度。

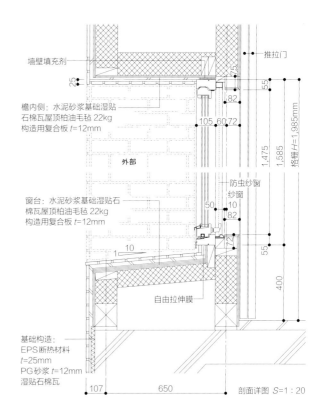

墙壁填充剂

推拉门

檐内侧：水泥砂浆基础湿贴石棉瓦屋顶柏油毛毡 22kg 构造用复合板 *t*=12mm

外部

窗台：水泥砂浆基础湿贴石棉瓦屋顶柏油毛毡 22kg 构造用复合板 *t*=12mm

防虫纱窗
纱窗

格栅 *H*=1,985mm

自由拉伸膜

基础构造：
EPS断热材料 *t*=25mm
PG砂浆 *t*=12mm
湿贴石棉瓦

剖面详图 *S*=1∶20

室内的石棉瓦矮墙。窗框之下安装了照明设备。

石棉瓦墙面施工时的照片。石棉瓦间的深缝强调了材料的质感。

通风缝

木板：樱桃木木板 t=12mm OS

180
85 65 65

30

瘦型荧光灯

石棉瓦墙：
石棉瓦 t=20mm
铁丝网水泥砂浆基础
两张柏油毛毡
构造用复合板 t=12mm
纤维素纤维板
断热处理 t=120mm
构造用复合板 t=12mm F☆☆☆☆
水泥砂浆基础
石棉瓦 t=20mm

石棉瓦墙剖面详图 S=1：20

和前两个案例不同，为了突出石棉瓦的质感，特地在铺贴的时候留了很深的缝隙。

使用了具有煅烧痕迹的转角用石棉瓦铺贴的墙面。为了让落地窗和石棉瓦墙面看上去和谐统一，我们将石棉瓦墙面和窗框下边框设计成了同样的剖断尺寸。

室外部分的石棉瓦墙。和上方落地窗的下窗框统一剖断尺寸。

为了突出瓷砖间的缝隙，在涂抹缝隙的砂浆里掺入黑色涂料。10mm宽、10mm深的黑色缝隙增强了砖墙的质感。

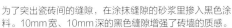

空调格栅柜

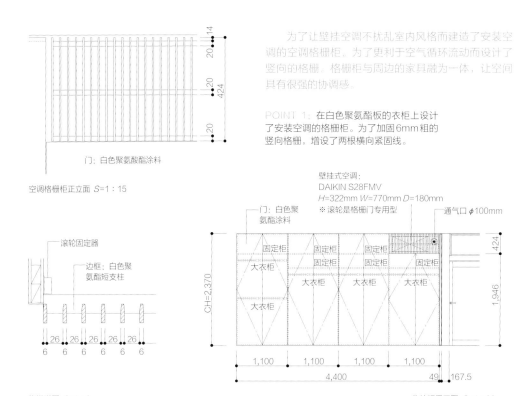

门：白色聚氨酯涂料

空调格栅柜正立面 *S*=1：15

为了让壁挂空调不扰乱室内风格而建造了安装空调的空调格栅柜。为了更利于空气循环流动而设计了竖向的格栅。格栅柜与周边的家具融为一体，让空间具有很强的协调感。

POINT 1：在白色聚氨酯板的衣柜上设计了安装空调的格栅柜。为了加固6mm粗的竖向格栅，增设了两根横向紧固线。

格栅详图 *S*=1：6

滚轮固定器
边框：白色聚氨酯短支柱

收纳柜展开图 *S*=1：80

格栅详图 *S*=1：6

POINT 2：将空调安装到格栅柜内的时候，要注意格栅柜的两侧边框宽度应与下方柜子保持一致。（摄影：平井広行）

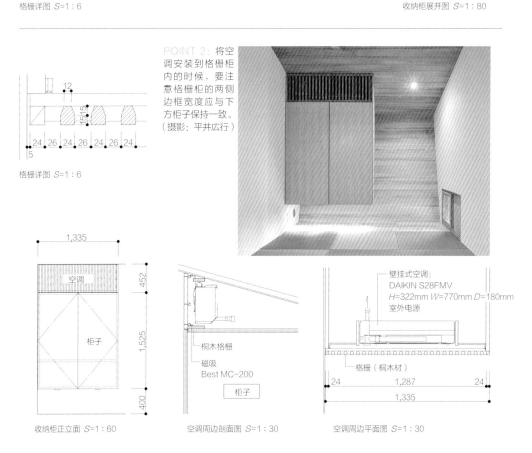

收纳柜正立面 *S*=1：60

空调周边剖面图 *S*=1：30

桐木格栅
磁吸
Best MC-200
柜子

空调周边平面图 *S*=1：30

壁挂式空调：
DAIKIN S28FMV
H=322mm *W*=770mm *D*=180mm
室外电源

格栅（桐木材）

为了不让过多的家具边框扰乱现浇混凝土墙的平整感，干脆将床头整个埋入墙体之中。墙体上安装的锥形器件是通风管道口。

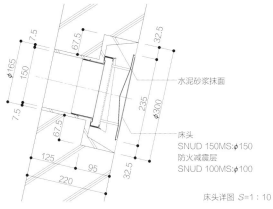

水泥砂浆抹面

床头
SNUD 150MS:ϕ150
防火减震层
SNUD 100MS:ϕ100

床头详图 S=1：10

天花板采用木质防尘板。因此换气孔的格栅板如果是塑料制的就会显得很碍眼，所以我们定制了这个木质的格栅板。考虑到之后的清理打扫问题将格栅板用螺栓固定，使其便于拆卸。为了不让室内的人可以直接看到螺栓，而将螺栓安装在格栅板的中间位置。

边框：OS涂料米杉板

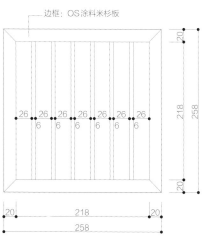

螺栓固定

天花板：米杉板
t=15mm OS

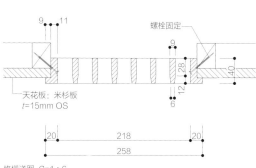

格栅详图 S=1：6

格栅正面图 S=1：6

在收纳柜推拉门上设计的空调格栅门

设计了通高的收纳柜，但空调需要安装在墙面上，所以干脆在收纳柜里安装了空调，将收纳柜门的一部分改造成通气的格栅门。收纳柜使用调湿性能较好的桐木材制造，下方是收纳衣服、电器等的推拉柜，上方空间可以收纳闲置的床单被罩。空间的利用率很高。

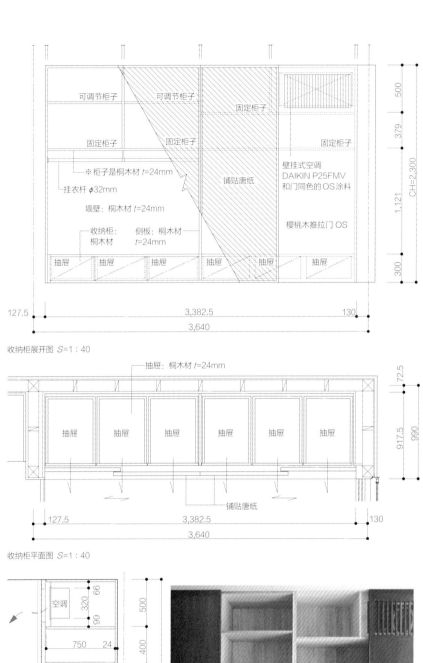

可调节柜子　可调节柜子　固定柜子

固定柜子　固定柜子　固定柜子

※柜子是桐木材 t=24mm

挂衣杆 φ32mm

墙壁：桐木材 t=24mm

收纳柜：桐木材

侧板：桐木材 t=24mm

铺贴唐纸

壁挂式空调 DAIKIN P25FMV 和门同色的 OS 涂料

樱桃木推拉门 OS

抽屉　抽屉　抽屉　抽屉　抽屉　抽屉

500　379　1,121　300　CH=2,300

127.5　3,382.5　130

3,640

收纳柜展开图 S=1:40

抽屉：桐木材 t=24mm

抽屉　抽屉　抽屉　抽屉　抽屉　抽屉

铺贴唐纸

72.5　917.5　990

127.5　3,382.5　130

3,640

收纳柜平面图 S=1:40

空调

66　320　90

750　24

抽屉

500　400　1,100　300　CH=2,300

774　72.5

收纳柜剖面图 S=1:40

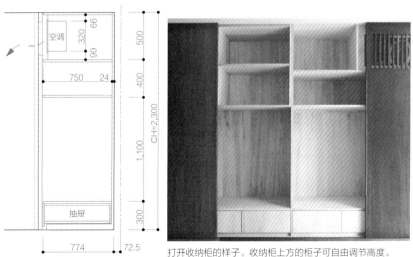

打开收纳柜的样子。收纳柜上方的柜子可自由调节高度。

为了让墙面看上去整洁大方，而紧贴安装的两个无边框门。收纳柜分为放置电视的开放型柜和放置杂物的小柜两部分，两个柜子开关互不干扰，使用起来十分方便。

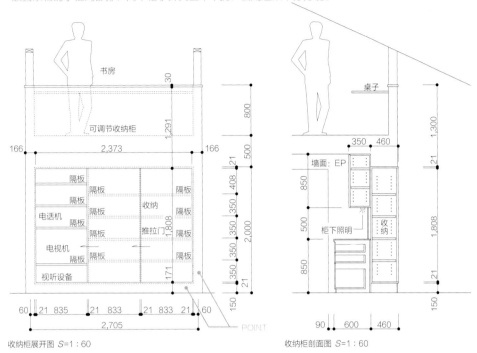

收纳柜展图 *S*=1：60

收纳柜剖面图 *S*=1：60

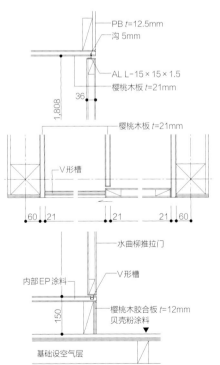

PB *t*=12.5mm
沟 5mm
AL L-15×15×1.5
樱桃木板 *t*=21mm

樱桃木板 *t*=21mm

V形槽

水曲柳推拉门

内部EP涂料
V形槽
樱桃木胶合板 *t*=12mm
贝壳粉涂料

基础设空气层

门剖面详图 *S*=1：15

因为收纳柜四周都有结构柱，所以干脆将收纳柜嵌入进墙中，在四面都留出一定厚度的墙体。因此收纳柜的门和墙体构成一个平面，使室内空间看上去非常整洁。（POINT）

简约的洗脸台和收纳柜

1. 从卧室看向洗漱间。可以将横开门的滚筒洗衣机上方空间利用为物品摆放空间，但要注意摆放过深的物品可能难以够到。

2. 低矮的水龙头十分不易使用，因此安装了较高的水龙头。

应户主的要求设计的简约风的洗脸台。正方形的平滑洗面台，也需要设计倾角疏导排出污水。

因为要让洗面台和横开门滚筒洗衣机保持一致的高度，所以洗面台的高度控制在900mm，户主完全支持我们。另外为了让洗面台上的镜子可以打开变成三面镜，我们没有安装一整张大镜面，而是安装了三面镜了，拼成一面大镜子。

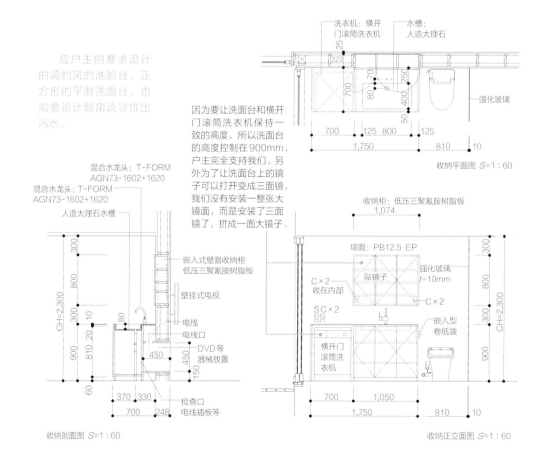

混合水龙头：T-FORM AGN73-1602+1620
混合水龙头：T-FORM AGN73-1602+1620
人造大理石水槽

洗衣机：横开门滚筒洗衣机　水槽：人造大理石

嵌入式壁面收纳柜 低压三聚氰胺树脂板
壁挂式电视
电线
电线口
DVD等器械放置
检查口 电线插板等

强化玻璃

收纳平面图 S=1:60

收纳柜：低压三聚氰胺树脂板
1,074

墙面：PB12.5 EP
贴镜子
强化玻璃 t=10mm
C×2 收在内部
SC×2
C×2
嵌入型卷纸袋
横开门滚筒洗衣机

收纳剖面图 S=1:60

收纳正立面图 S=1:60

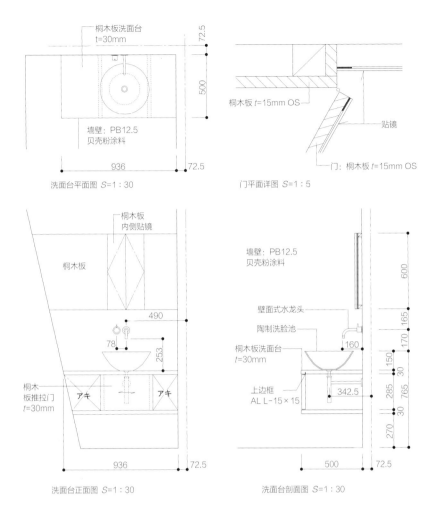

装饰柜一样的洗面台

桐木板洗面台
t=30mm

72.5

500

墙壁：PB12.5
贝壳粉涂料

936

72.5

洗面台平面图 S=1：30

桐木板 t=15mm OS

贴镜

门：桐木板 t=15mm OS

门平面详图 S=1：5

桐木板
内侧贴镜

桐木板

490

78

253

桐木
板推拉门
t=30mm

アキ　アキ

936

72.5

洗面台正面图 S=1：30

墙壁：PB12.5
贝壳粉涂料

壁面式水龙头

陶制洗脸池

桐木板洗面台
t=30mm

上边框
AL L-15×15

600

165

170

160

150

30

285

342.5

30

765

270

500

72.5

洗面台剖面图 S=1：30

客人用的榻榻米
房间旁的厕所洗面
台，为了让其风格与
榻榻米房间保持一
致，而选用的和风桐
木洗面台及陶制洗脸
池。下方收纳柜安装
了一张桐木推拉门。
因此这个洗面台看起
来就像是一个和风装
饰柜。

为了防止产生水垢而设计的壁式水龙头，水龙头上的壁柜不打开时就像是一个装饰柜，
打开后是一个三面镜。我们还摆放了花瓶增加室内的和风氛围。

前室的洗面台

同时在前室里设计了椅子、洗面台和一面大镜子。让户主可以在早上出门前洗漱、刷牙，在晚上回家时洗手、洗脸，使用起来十分便利。

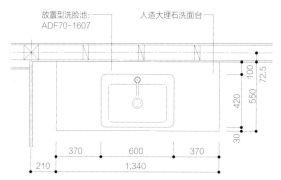

放置型洗脸池：ADF70-1607　　人造大理石洗面台

洗面台平面图 S=1：30

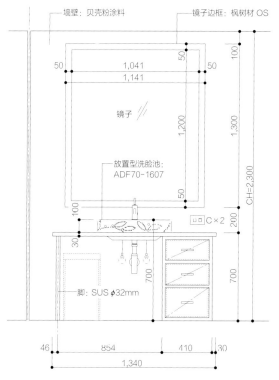

墙壁：贝壳粉涂料　　镜子边框：枫树材 OS

放置型洗脸池：ADF70-1607

脚：SUS φ32mm

洗面台正面图 S=1：30

在镜子上增设的边框，和洗脸池里设计的旧型排水沟，带给人一种复古的感觉。

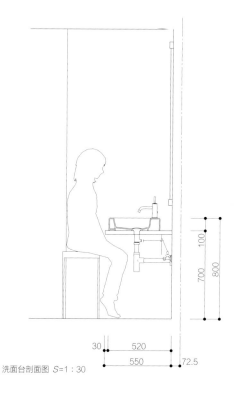

洗面台剖面图 S=1：30

厕所里的卷纸摆放器。

厕所的墙壁、天花板和地面都涂刷成了蓝色，与白色的卫生器具组成了独特的室内效果。厕所里设计的一系列小型收纳空间，可以将各种杂物合理地收纳进来。

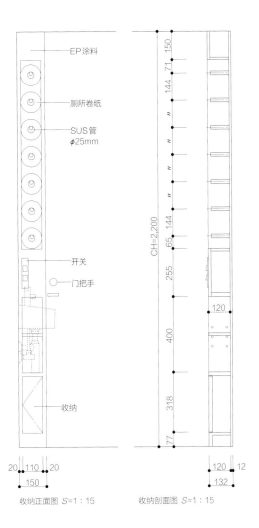

EP涂料

厕所卷纸

SUS管
φ25mm

开关

门把手

收纳

CH=2,200

150
71
144
″
″
″
″
144
65
255
400
318
77

20 110 20
150

120

120 12
132

收纳正面图 S=1：15　　收纳剖面图 S=1：15

故意露出来的和卫生器相同颜色的通风道挡板，成为一个卫生间的空间构成元素。

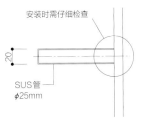

安装时需仔细检查

20

SUS管
φ25mm

卷纸摆放器详图 S=1：5

趣味十足的收纳空间

嵌入结构体的壁柜

收纳墙面的照片。收纳板自由地散布在墙面上。
（照片来源：Nacasa & Partners）

模仿日式古建筑做的设计，梁柱结构直接外露，其间安装若干支架，这些支架和梁柱共同构成一片壁柜。

户主说她特别喜欢收集小东西，所以经常会感到家里的收纳空间不够用，因此我们将整个墙面都改造成了收纳空间。

为了统一室内的风格，将所有的金属构件、连接装置都隐藏处理，保证了墙面的纯粹性。

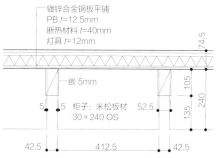

镀锌合金钢板平铺
PB t=12.5mm
断热材料 t=40mm
灯具 t=12mm

嵌 5mm

柜子：米松板材
30×240 OS

柜子详细图 S=1：15

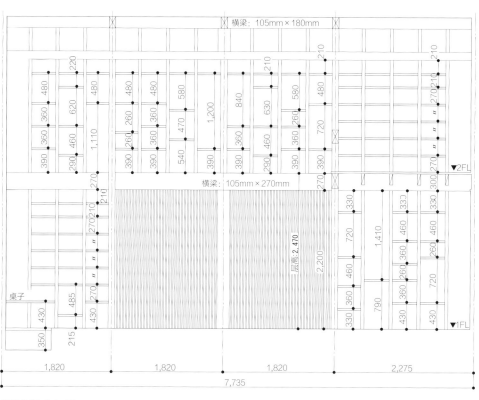

柜子展开图 S=1：60

嵌入式的壁挂电视和视听设备。杂乱的电线都安放在了电视后面的一个孔洞里。

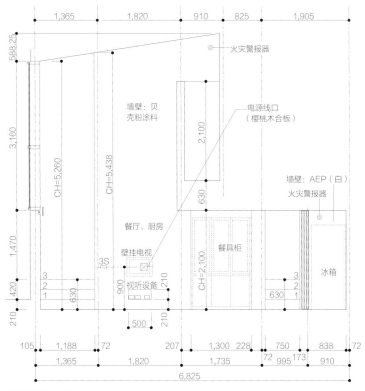

餐厅展开图 S=1：20

图中标注：
- 1,365　1,820　910　825　1,905
- 588.25
- 火灾警报器
- 墙壁：贝壳粉涂料
- 电源线口（樱桃木合板）
- 2,100
- 3,160
- CH=5,260
- CH=5,438
- 630
- 墙壁：AEP（白）
- 火灾警报器
- 餐厅、厨房
- 壁挂电视
- 餐具柜
- CH=2,100
- 冰箱
- 3S
- 视听设备
- 3　2　1
- 630
- 900
- 210
- 3　2　1
- 630
- 冰箱
- 420
- 500
- 210
- 1,470
- 210
- 105　1,188　72　207　1,300　228　750　838　72
- 1,365　1,820　1,735　72　995　173　910
- 6,825

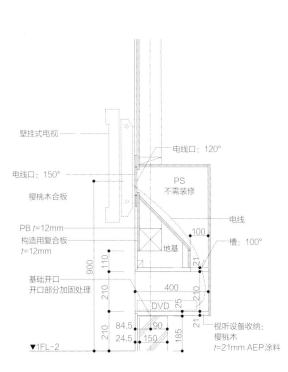

收纳部分剖面图 S=1：20

图中标注：
- 壁挂式电视
- 电线口：120°
- 电线口：150°
- 樱桃木合板
- PS 不需装修
- 电线
- PB t=12mm
- 构造用复合板 t=12mm
- 地基
- 100
- 槽：100°
- 基础开口 开口部分加固处理
- DVD
- 900　110
- 210　210
- 210
- 84.5　90
- 24.5　150
- 400　25
- 185
- 视听设备收纳：樱桃木 t=21mm AEP涂料
- ▼1FL-2

将机顶盒等安装到墙面内，从室内完全看不到杂乱的各种器械和电源线。

门廊上的邮箱口和名牌

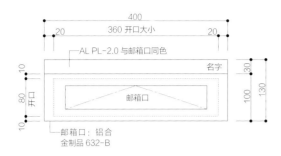

AL PL-2.0 与邮箱口同色

名字

邮箱口

邮箱口：铝合
金制品 632-B

400
20　360 开口大小　20
10
80 开口
10
30
100
130

邮箱口、名牌详图 S=1：8

将成品邮箱安装到现浇混凝土里时，要提前想好如何处理配套设备等辅助器械的安装问题。

因为安装在屋檐下，所以不用担心信件会被雨水淋湿，但为了防止路人看到信封上的内容，还是选用了内储型的邮箱。

为了统一墙壁风格，邮箱口和名牌都涂刷成了黑色。门铃和门把手也都选用简单的款式，与朴素的现浇混凝土墙相协调。

从道路看向入口。延伸出来的屋檐保证了邮箱的干燥。

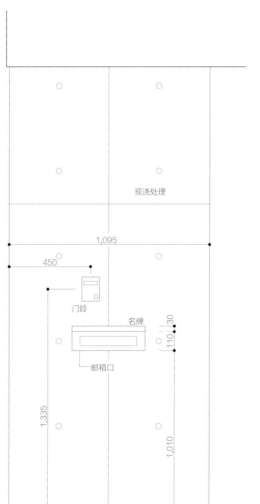

现浇处理

1,095
450
门铃
名牌
邮箱口
110 30
1,335
1,010

邮箱附近立面图 S=1：20

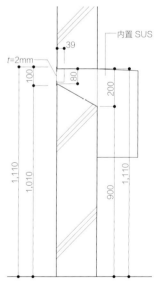

内置 SUS
t=2mm
39
100
80
200
1,110
1,010
900
1,110

邮箱附近剖面图 S=1：20

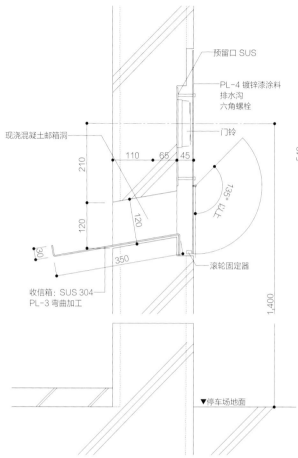

预留口 SUS

PL-4 镀锌漆涂料
排水沟
六角螺栓

现浇混凝土邮箱洞

门铃

110　65　45

210

135°

120

120

30

350

滚轮固定器

收信箱：SUS 304
PL-3 弯曲加工

1,400

名牌附近剖面详图 *S*=1：10

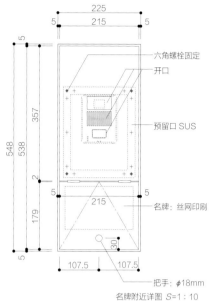

225

5　215　5

5

六角螺栓固定

开口

357

548

538

预留口 SUS

2

5　215　5

179

名牌：丝网印刷

30

107.5　107.5

把手：φ18mm

名牌附近详图 *S*=1：10

POINT：镀铝时注意不要镀层过厚，以免金属板弯曲变形。

为了与简单朴素的现浇混凝土相协调，而用镀锌漆涂料涂刷的铁板邮箱口、名牌和门铃。室内一侧只开有一个邮箱口，看起来非常整洁。镀锌漆涂料还可以防止海风侵蚀。

1. 从室外看邮箱的照片。因为邮箱的铰链怎么都藏不住，所以干脆大方地设计成完全露出来的样子。
2. 从室内看邮箱的照片。设计了防雨的挡板防止信件被水浸泡。

用马赛克瓷砖制作名牌

1. 邮箱和建筑围墙一体式设计。
2. 因为是预埋式邮箱，所以侧面也铺贴了马赛克瓷砖。
3. 从正面看邮箱的照片。和周边的环境相协调。

　　白色瓷砖成为建筑物的统一元素，过去就有的邮箱是这一地区统一设置的。用住宅遗留下来的瓷砖制作的标牌看起来就像棱牌一样，充满复古的感觉。

POINT：为了增强围墙的防水性能，马赛克瓷砖之下铺设了防水卷材包裹整个墙体。
考虑到整体视觉效果，我们不得不铲薄墙体的厚度，使其与其他墙体同厚。

门柱正面图 S=1:40

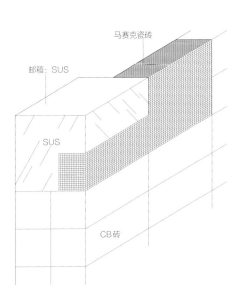

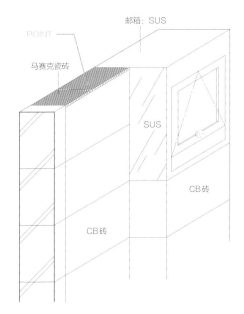

用瓷砖铺贴的外墙成为建筑的立面标志元素，强调了建筑的入口。玄关部分的照明设备隐藏安装在了邮箱周围，使立面看上去非常简洁。

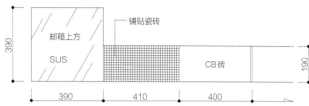

铺贴瓷砖

邮箱上方

SUS

CB砖

390

190

390 410 400

平面图 S=1：20

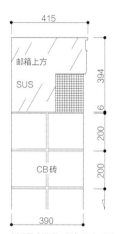

415

邮箱上方

SUS

CB砖

394

6

200

200

390

侧面图（道路一侧）S=1：20

※1 瓷砖和邮箱对齐
外露瓷砖小孔 ※2 瓷砖和墙体对齐

邮箱

DP

1-5-3

※1

外露瓷砖小孔

HIKONE

※2

马赛克瓷砖

800

CB砖

200

200

400

200

400 400 400

正面图 S=1：20

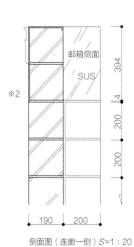

邮箱侧面

SUS

※2

394

4

200

200

190 200

侧面图（连廊一侧）S=1：20

外露瓷砖小孔
内侧瓷砖只贴一排

CB砖

CB砖

394

4

200

200

400 400 10 390

背面图 S=1：20

竖向门铃和邮箱

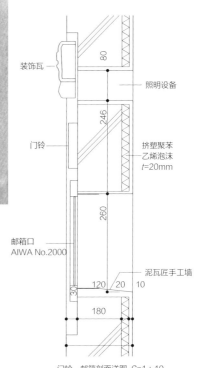

装饰瓦

照明设备

门铃

挤塑聚苯
乙烯泡沫
$t=20mm$

邮箱口
AIWA No.2000

泥瓦匠手工墙

80

246

260

30

120　20　10

180

1. 从室内看邮箱口。简单的开口使墙面看上去非常朴素。
2. 从室外看邮箱口。应户主的要求安装了一块装饰瓦。

　　邮箱口竖向设计的时候一定要解决好防水问题。除了防水的问题外，竖向的邮箱口还有漆料较难干燥、施工周期长等问题。

门铃、邮箱剖面详图 S=1：10

门上的邮箱

　　在建筑后门上设计的邮箱，虽说是邮箱，但其实并没有安装箱子，只有一个邮件投递口。投递进的邮件会直接掉落在玄关地板上，别有一番风味。后门采用优质木板铺设，简单奢华。

SUZUKI

从室内看邮箱孔。

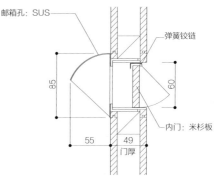

邮箱孔：SUS

弹簧铰链

内门：米杉板

85

60

55　　49
门厚

从室外看邮箱口。邮箱口直接安装在了门上，而不是小院的信箱上，所以不用特地出门就可以收取邮件，十分方便。

邮箱剖面详图 S=1：5

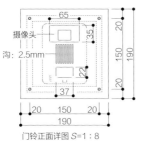

门铃正面详图 S=1:8

从道路看邮箱。因为没有设计院门，所以矮墙起到了遮挡玄关的作用。

从侧面看邮箱。邮箱安装在内侧，所以从道路看上去围墙十分平整。

沟：2.5mm
摄像头

邮箱口：白色烧漆
邮箱：SUS

DP门牌
CB砖：白色涂料

门柱正面图 S=1:40

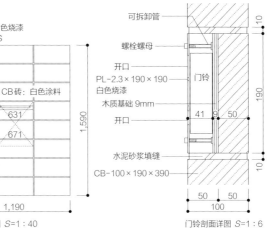

可拆卸管
螺栓螺母
开口
PL-2.3×190×190 白色烧漆
木质基础 9mm
开口
门铃
水泥砂浆填缝
CB-100×190×390

门铃剖面详图 S=1:6

与白色建筑外墙统一的白色门柱。选用带摄像头的门铃时，围墙高度要随摄像头的高度做调整。邮箱和名牌也应根据门铃的位置做调整。因为购买不到白色的门铃，所以将其隐藏到墙壁上的预留洞中。

镀锌漆涂刷的名牌

为了与成品邮箱保持一致的风格，在名牌上涂刷了镀锌漆涂料。涂刷镀锌漆时要注意控制涂刷的厚度，漆料过厚可能导致名牌变形。

SUS螺钉
PL 基础
DP 挡板
沟：2mm
压扣
PL-2.0 镀锌漆

名牌剖面图 S=1:5

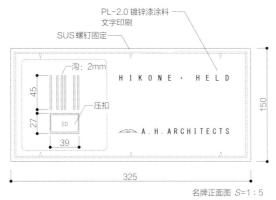

PL-2.0 镀锌漆涂料 文字印刷
SUS螺钉固定
沟：2mm
压扣

HIKONE · HELD

A.H.ARCHITECTS

名牌正面图 S=1:5

名牌的照片。因为绿植丰茂，因此很多客人都反映说看不到名牌。户主非常喜欢让客人去寻找名牌的位置，乐此不疲。

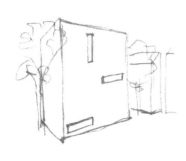

第 5 章

住宅设计
基础知识

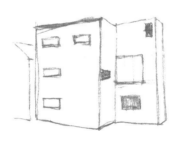

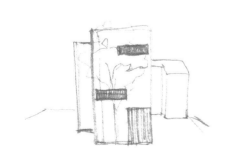

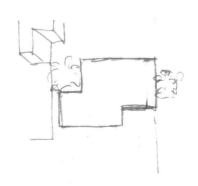

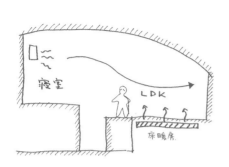

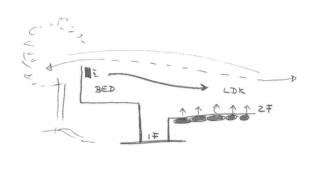

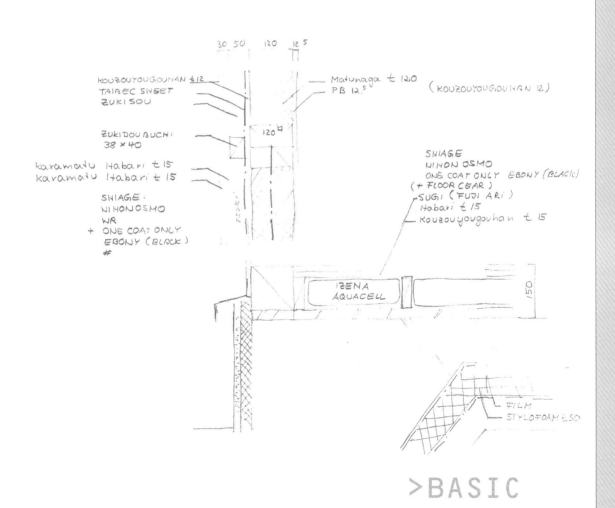

舒适度和环境问题

一提到环境问题就经常听到有人说"为了下一代"。但是我更愿意理解为是为了不久后的我们自己。我上小学的时候曾经去过阿尔卑斯山滑雪，当时山顶白雪皑皑，在我工作之后再度去游历时只剩下了依稀的雪地。地球温室化的进度比我们想象的要快得多。

尽量减少能耗，这是之后的建筑设计中不可忽视的重要一点。

但同时作为一家人的生活庇护所，建筑必须要先考虑居住者的居住舒适性，因此更准确地说，就是要在满足居住者舒适度的前提下尽量减少建筑能耗。

人们对于舒适度的要求会根据所处情况不同而改变，环境因素、个人因素以及其他种种因素都会影响人们对当时舒适度的要求。也就是说舒适度并不是一个定量因素，而是一个变量因素。

为了更好地保证建筑的舒适度。我们要兼顾居住者的听觉、视觉、触觉、嗅觉等各种感官的需求，当然其中温度是最重要的一点。因为温度控制是室内环境的首要控制因素，也是建筑能耗的最大消耗处。

室内温度包括室内空气温度、地板温度、墙面温度和天花板温度几个部分。一般来说19~23℃是人体最舒适温度，而室内空气温度和壁面温度的差越小则居住者就越会感觉舒适（3℃以内比较理想）。另外，建筑洞口，如门窗及墙面的没有断热处理的地方会成为热量流失的集中点，这会极大地影响室内的舒适度，因此我们要注意这些地方的断热设计、封闭性设计和材料的选择。

在这里我想要介绍一些我在设计之中得到的感悟，以及设计之后户主反馈给我的提示。希望这些经验和思考对于未来的建筑师以及同行在设计室内舒适度时，可以起到一定的辅助作用。

室内舒适度

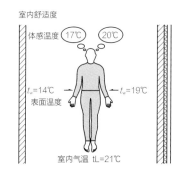

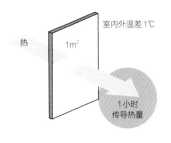

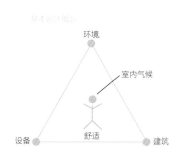

人们在外出时会穿上大衣，回到温暖的室内时又会脱下大衣。建筑也可以设计得和大衣一样，随时调节其室内环境。

住宅中的热有一半以上是通过建筑洞口损失的，也就是说洞口的隔热设计可以直接改善建筑热损失问题。日本传统住宅多使用木板门窗、格栅门窗、玻璃门窗，这些门窗的特点是可以根据季节和环境的不同做适当的调节。木板门窗还可以同时解决防盗问题。百叶窗是现代的一种可调节式门窗，它可以调节室内的进光量和通风量。

除了安装百叶窗外，种植绿植以及增设整体性围护结构等方式都可以起到夏天遮阳、冬天透光的作用。

首先考虑传热问题

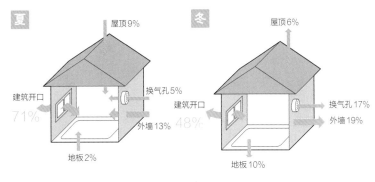

夏　屋顶9%
建筑开口　换气孔5%
71%　外墙13%
地板2%

冬　屋顶6%
建筑开口　换气孔17%
48%　外墙19%
地板10%

夏季遮阳、冬季蓄热

左面照片的建筑设计了很大的开窗，可以在夏季起到遮阳通风的作用，窗边经过特殊处理，在冬季可以将热量储存在蓄热混凝土之中。

窗外还种植了白杨辅助夏季遮阳。室内安装的百叶窗可以遮挡正午时白杨树树叶间透过来的刺眼阳光。

通风

　　良好的断热结构和窗框结构可以保证房屋的气密性，为了追求更高层次的舒适性，我们需要考虑如何在良好气密性的室内创造高质量的通风效果。当然热交换通风扇是一定要安装的，但除了安装通风扇外，我们还可以通过窗户的设计提升室内通风效率。窗户可以自然地引入室外的新鲜空气，全部靠通风扇完成室内外空气交换的房子怎么也不能称得上是"绿色"建筑。再说，基本上在任何条件的基地上都可以通过开窗改善室内的通风质量，所以如何设计开窗是检验一个设计师能力的重要标准。

　　在设计开窗位置时应该考虑空气将会如何流动，这样才能更好地改善室内通风质量。平面上尽可能成直线，剖面上尽可能低进高出。室内风流动的地方尽可能少使用隔断，如果万不得已可以考虑设计通风的格栅或者百叶隔断，这样才能有效提升室内通风质量。

　　另外，在设计建筑通风时要考虑基地因素，比如近海的斜坡地，一般会吹从下到上的斜风，这就要求建筑师思考如何利用这种固定方向的风，如何将固定的风有效地引入建筑通风设计之中。

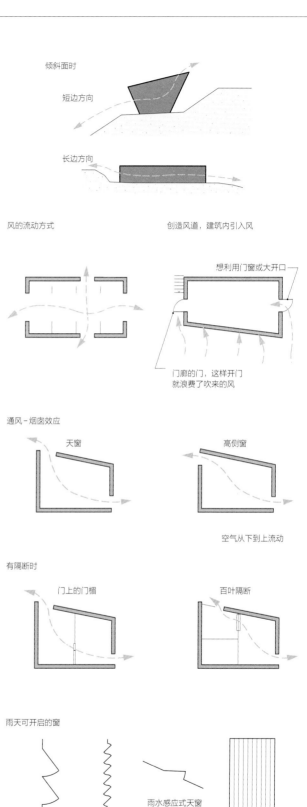

倾斜面时

短边方向

长边方向

风的流动方式

创造风道，建筑内引入风

想利用门窗或大开口

门廊的门，这样开门就浪费了吹来的风

通风 - 烟囱效应

天窗

高侧窗

空气从下到上流动

有隔断时

门上的门楣

百叶隔断

雨天可开启的窗

下翻窗　　折回窗　　雨水感应式天窗　　防盗锁格栅门

1层平面图

浴室
洗漱间
书房
主卧
A
B

有时一个单间只能设计一扇窗户，这时如果可以以格栅和邻室相连，就能同时改善两个房间的通风质量。同时还可以得到一个通透的空间。可调节的格栅还可以让户主自行调节室内环境。

榻榻米房间
卧室
主卧
厨房
起居室、餐厅

0 1m   3m   5m   10m

剖面图

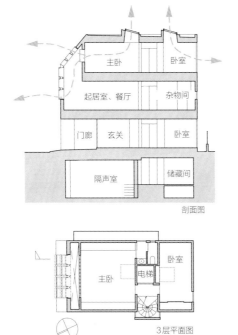

主卧
卧室
起居室、餐厅
杂物间
门廊
玄关
卧室
隔声室
储藏间

剖面图

卧室
主卧
电梯

3层平面图

主卧位于三楼，面朝通风室，通风室由24根木质格栅片构成的百叶窗围合。因此在室内创造出高效的通风和有趣的光影效果。主卧面朝通风室安装了百叶窗，可以自行控制卧室的进风和进光量，开启百叶窗时风会从通风室穿过卧室，通过天窗流出室外。

虽然东侧的卧室墙面改造成了收纳柜，无法开窗，但是天窗的设计使室内的通风质量得到有效的提升。

天窗和南北向通风道

南北向的超大开口和天窗保证了室内通风质量。窄小的开口会让室内的通风很不均匀，所以如果有条件就应尽量设计大开窗，使室内通风自然流畅。

二楼的地窗配备了防雨装置，在下雨天也可保证室内的良好通风。

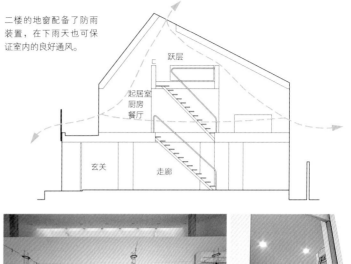

照片来源：Nacasa & Partners

格栅隔断保证通风质量

只有一面墙可开窗的时候，我们可以设计格栅隔断引导室内通风。

这个案例中的房间只能开一面天窗，因此我们设计了格栅隔断，使室内得到流畅的通风。

关闭的格栅隔断看上去就像是一面平整的墙，开启时则成了一面大窗户。

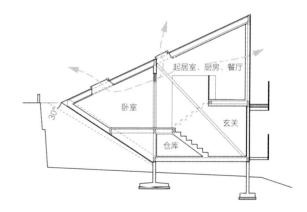

照片来源：Nacasa & Partners

摄影：平井広行

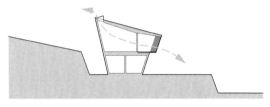

巧妙地抓住了沿海斜坡的通风特点而设计的大挑檐和天窗，使海风自然地从室内经过，通过天窗排出室外。

面向大海的2m×5m大挑檐保证了干爽的阳台，即使在雨天也可以开窗通风。另外倾斜的屋顶起到了引流的作用，将海风引导进更深处的空间。

天窗安装了雨水感应器，户主不用担心下雨时雨水会流进室内。

天窗和大挑檐

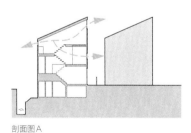

剖面图A

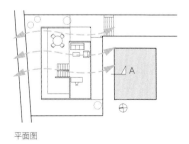

平面图

照片来源：Nacasa & Partners

基地位于一片旗形场地内，考虑到基地南向之后有可能会建造其他的建筑，所以设计了这条高侧窗保证室内的通风和采光质量。

倾斜天花板上安装的横向满铺的高侧窗，使室内通风非常均匀自然。考虑到此地经常下雨，我们选择了可以在雨天正常开启的防雨型高侧窗，保证室内的有效通风，排出潮湿的空气。

应对各种变化设计的高侧窗

帘状地板保证室内通风

　　这个房子的一楼朝南是卧室，朝北是收纳间。因此卧室只能朝南开窗，为了保证卧室的自然通风，我们将走廊的地板设计成了帘状，使风可以从卧室吹入，透过地板再从天窗排出。

　　由东向西一字排开的天窗不仅解决了室内的通风问题，还照亮了整个一楼空间，从帘状地板缝隙中照射下来的阳光在一楼形成了美妙的光影效果。

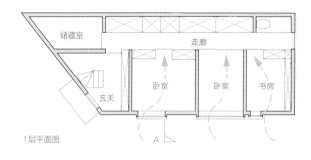

1层平面图

A剖面图

活用格栅门

　　建筑中设计的格栅门将种满绿植的小庭院中的湿润温和空气引入室内。

　　从室外向室内分别安装了纱门、玻璃门、格栅门三道门，格栅门上设有防盗用锁，因此在夏季炎热的夜晚，户主可以只关闭格栅门安心入睡。

　　格栅门还可以隔绝室外的视线，即便只关闭格栅门，路人也看不清室内的人的活动。

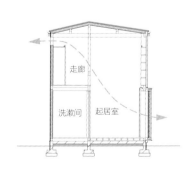

遮阳构造决定室内舒适性

外挂式百叶窗

二楼的起居室、餐厅开有大窗，因此在窗外安装了外挂式米杉板百叶窗，保证了夏季的遮阳效果。遮阳板可以调节角度，在夏天防止暴晒，在冬天则可以将阳光完全引入室内。

通风百叶门

这个建筑采用了百叶门、纱门、木质格栅门的复合门构造，在炎热的夏天，户主可以关闭纱门和百叶门睡一个舒适的午觉。百叶门和挡雨门不同，关闭之后还可以感受到室外的变化，也能保证室内的空气流动，所以通透性更好。

二楼的所有家具都选用可移动的型号，因此户主可以根据自己的喜好将这里改造成一个开放的大空间。

热损失决定的窗构造

面积过大的开窗会引入过多阳光和辐射。虽说在冬天这会改善室内的低温问题，但在炎热的夏天绝对要避免。也就是说开窗越大，射入的热量越多，制冷消耗也越大。所以我们要认真考虑夏天的遮阳措施和冬天的防寒措施。

一般环保玻璃窗有多层玻璃、LOW-e玻璃、惰性气体夹心玻璃几种，选择和当地地区气候匹配的、可以提升室内舒适度的、对环境友好的窗户将直接决定室内的舒适度。

如果使用铝合金制的窗框，将极有可能形成热桥，引发窗户内部结露的问题和热损失问题。相对而言，木质边框可以避免热桥问题，也能防止窗内结露，所以使用较多。

但是有时木质边框与设计的立面不匹配，此时可以考虑使用铝合金外包型木边框。

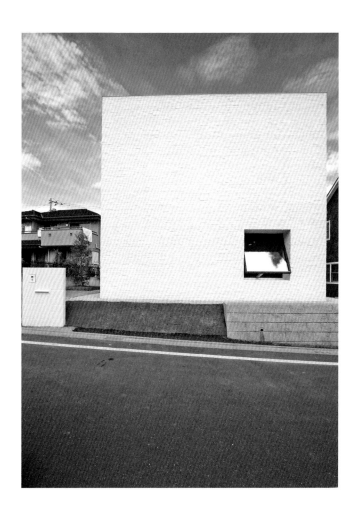

木质边框   铝合金木质边框

照片来源：诺尔德

防水边框
防止雨水渗入墙体之中

木质边框要注意边框周围的防水问题。木质边框有时会让雨水渗入墙壁保温层内，导致保温层结露失效。一般我们会在木质边框与墙体连接处增设一圈防水边框来避免这个问题。

我们经常会使用夹心玻璃的木边框窗。左面的案例里的所有窗都采用这种构造，在交工后的15年内没有出现一次渗水或开裂、开缝的问题。

这种窗户可以很好地调节室内热环境，并且可以涂刷颜料改变外观，适于各种立面效果的建筑。

照片来源：Nacasa & Partners

旋转窗 - 带纱窗

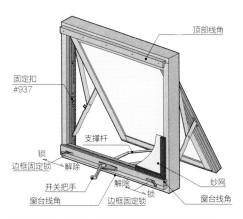

顶部线角

固定扣
#937

支撑杆

锁
边框固定锁 ← 解除

开关把手 → 解除
窗台线角 ← 边框固定锁 ← 锁

纱网

窗台线角

在窗内侧安有一层纱窗，所以在蚊虫较多的区域也可以使用。

天窗

复合型环保天窗一般由强化玻璃、惰性气体夹层、LOW-e玻璃、胶合玻璃组合而成，因其具有的优良性能，得到了广泛的使用。其热损失大概只有普通夹心玻璃的2/3左右。

复合型环保天窗一般价格较高，但FIX公司的产品相对较便宜，如果提前计算好开窗面积，只在有明显热损失的洞口处使用FIX窗，将会最大限度地减少开销。

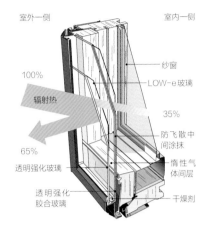

室外一侧　　　　　　　　　室内一侧

100%

纱窗

LOW-e玻璃

辐射热

35%

防飞散中间涂抹

65%

透明强化玻璃

惰性气体间层

透明强化胶合玻璃

干燥剂

木质落地窗

在住宅设计中使用落地窗时，一般会选用森牌落地窗。在大开口处安装木质落地窗时可以外露窗柱梁，突显建筑立面效果。如果不想外露结构，那就要考虑如何巧妙地隐藏起来。

考虑到运输费用，一般我们会选用日产森牌落地窗，但有时国外进口的产品性能更优良，这时就要看户主如何选择。

左侧案例里由落地窗围合的体块是起居室与餐厅空间，落地窗创造出一个被绿植包围的空间。因为玻璃面较大，所以选择了木质的边框来防止热损失。

照片来源：Nacasa & Partners

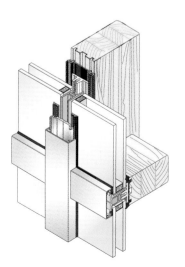

断热效果直接影响建筑寿命

断热设计的目的有两个：一是控制室内温度；二是防止壁内结露。壁内结露容易损伤墙内保温层，导致建筑寿命缩短，这是设计师绝对要避免的。

结露因温度与湿度的变化而产生。建筑室内外的温度和湿度处于不同水平，所以墙壁内每一处的温度和湿度都不同。在冬季墙壁温度会呈现从室内到室外逐渐降低的趋势，湿度也呈现出同样的趋势，但是如果温度下降过快，墙内出现饱和点（露点温度），就会结露。

尤其在寒冷地区，如果没有做好断热处理，墙内基本都会结露。因此我们一定要重视墙面的断热处理。

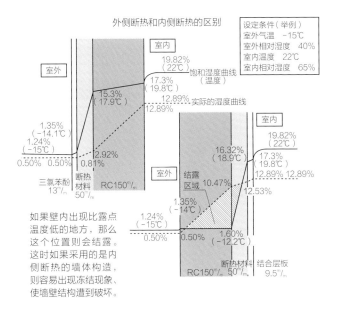

外侧断热和内侧断热的区别

设定条件（举例）	
室外气温	−15℃
室外相对湿度	40%
室内温度	22℃
室内相对湿度	65%

如果壁内出现比露点温度低的地方，那么这个位置则会结露。这时如果采用的是内侧断热的墙体构造，则容易出现冻结现象、使墙壁结构遭到破坏。

综上所述，钢混建筑常用外侧断热的结构，在外侧增设断热层可以最大限度地避免壁内结露，以此延长墙体的寿命。

左侧照片是结构钢与外装壁板、EPS断热材料一体化的新型墙体结构。

钢混结构

现浇混凝土

位于日本北部的客人专用住宅。外墙使用上一页讲解的复合墙体，室内则是现浇清水混凝土。创造出一种温馨的、开放的室内空间效果。

钢结构

钢结构建筑墙体内的钢筋往往会形成热桥，因此如何选用材料包裹钢筋就成了设计的重点。钢结构建筑墙体一般有一层绝热层，但断热效果较为一般，所以我在设计钢结构墙体时会在内部再增设一道断热层。

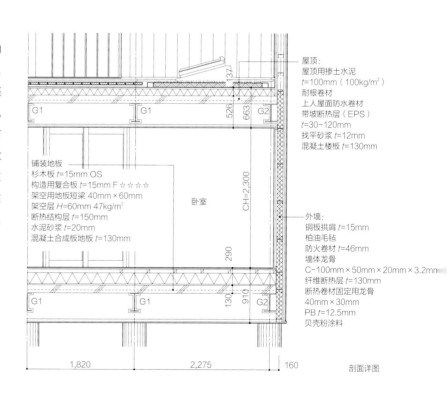

屋顶：
屋顶用掺土水泥
t=100mm（100kg/m²）
耐根卷材
上人屋面防水卷材
带坡断热层（EPS）
t=30~120mm
找平砂浆 t=12mm
混凝土楼板 t=130mm

铺装地板
杉木板 t=15mm OS
构造用复合板 t=15mm F☆☆☆☆
架空用地板短梁 40mm×60mm
架空层 H=60mm 47kg/m²
断热结构层 t=150mm
水泥砂浆 t=20mm
混凝土合成板地板 t=130mm

卧室

外墙：
铜板拱肩 t=15mm
柏油毛毡
防火卷材 t=46mm
墙体龙骨
C-100mm×50mm×20mm×3.2mm
纤维断热层 t=130mm
断热卷材固定用龙骨
40mm×30mm
PB t=12.5mm
贝壳粉涂料

剖面详图

下降

因材料自重出现厚度变化，现已不用这种旧式干燥填充法。

旧式填充法

麻丝

添加麻丝防止材料因自重出现厚度的变化。

MS工法

一般我们会用木质材料填充断热层，但木质断热结构有时会因墙内的管道及其他设备出现结露的问题。为了防止这种情况的发生，我们一般会设计一道纤维素纤维板作为防潮层。

纤维素纤维板可以起到很好的防潮作用，另外密实型纤维素纤维板还可以起到防火、隔声的效果。

木结构（纤维素纤维板）

摄影：平井広行

一般会用泡沫塑料做外露结构木房的断热材料，但泡沫塑料在施工和拆除时都会产生环境污染问题，因此一定要谨慎使用。

木结构（氨基甲酸酯板）

建筑的蓄热性

所谓蓄热性其实就是建筑体在室外温度剧烈变化时具有一定的控制室内温度变化幅度的能力。在寒冷的冬天，热量在厚厚的混凝土墙体或者石墙体中传导缓慢，因此室内温度并不会随室外温度的剧烈变化而变化。在炎热的夏季虽然传导方向不同，但也起到同样的作用。因此，提升建筑蓄热性的关键在于如何让墙内的热量更"缓慢"地传导。

可以说如果没有一定厚度的混凝土墙体保证建筑的蓄热性，我们就没有条件建造大面积的落地窗。当然，落地窗应选用具有一定隔热性的材料建造，并且应设置一定的遮阳措施辅助夏天隔热。

蓄热水

像木质结构这种，采用蓄热性较差的材料建造的建筑要考虑提升建筑蓄热性的方法。如右图所示，水具有非常优良的蓄热性，当下流行的伊泽纳地暖设备充分利用了水的这个特性。并且水具有良好的流动性，可以均匀地吸收建筑体内的热量，或者向室内均匀地释放热量。

材料蓄热性比较

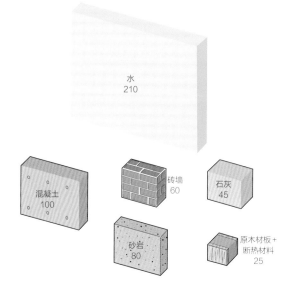

水
210

混凝土
100

砖墙
60

石灰
45

砂岩
80

原木材板+
断热材料
25

还有一种增加建筑蓄热性的方法，那就是直接利用基础的土壤。在施工时将加热管安装到建筑地基的土壤之中，在日本深夜用电使用的是供电剩余电，所以价格较为低廉。土壤有很强的蓄热性，因此前一晚加热的土壤会在第二天持续为室内供暖，节省家庭用电开支。

蓄热土

下图是使用伊泽纳设备的建筑案例。在起居室地板之下安装了伊泽纳设备，太阳能加热的热水通过地板下设备均匀地为起居室供热，节省了家庭的用电开支。因为水具有优良的流动性，所以可以为室内提供均匀的供暖。

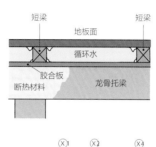

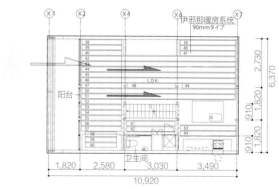

直接辐射得热

水袋内的热流动

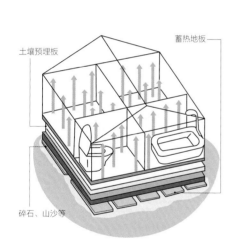

照片来源：Nacasa & Partners

探讨辅助供暖房的使用方法

比起设计一年中只使用几次的暖房，不如安装可以在冬天严寒之时临时使用的烧柴热炉。烧柴暖炉还可以在春秋之时，通过调节烧柴量提供舒适的供暖量，不仅节省日常开支，还能提高室内的舒适度。烧柴暖炉即使断电也可使用，灵活性很强。

电气化有利于应对灾害情况

虽然不算个理由，但我个人不喜欢使用煤气和天然气。虽然在日本煤气和天然气引发的事故相对较少，但在德国，一提到天然气大家都会瑟瑟发抖。日本地震频发，如果因为地震导致煤气管破裂就会造成严重的后果，所以一般我比较喜欢在厨房安装电磁炉。电磁炉不仅没有危险性，还相当环保，全电气化厨房配备的400L储水箱还可以在灾害来临时用作临时水源。

照片来源：Nacasa & Partners

根据专家的预测，石油等化石能源再有40年就会枯竭，因此今后世界将会大量使用太阳能。太阳能集热板可以将热量保存到集热箱中，在需要时转换成电能使用，安装到屋顶上的集热板还起到了一定的遮阳和防辐射作用。如何有效地利用太阳能，将会是今后建筑设计的一大课题。

利用太阳能

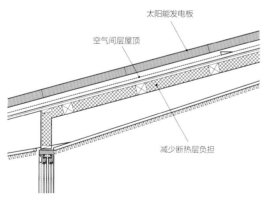

太阳能发电板

空气间层屋顶

减少断热层负担

用太阳能光伏板作屋顶结构时，屋顶结构体和光伏板之间可以空出一层空气间层，空气间层可以有效提升屋顶的隔热性能，在夏季防止热量从屋顶流入室内。

被动式太阳能

自然风

水

植物

泥土

结语

　　我一直执着于建造简单的、温馨的、令人怀念但又具有现代特色的房子。所以我经常在建筑设计中加入传统元素，为建筑带来一种怀旧感。古老的日本住宅中蕴含着许多智慧，现代设计师应该参考学习。比如在气候炎热的京都地区盛行的町屋就通过巧妙的构造为室内营造了良好的通风，缓解了夏天难耐的酷热。传统住宅的每一处细节都凝结了先人的经验与智慧。

　　如果在新房子里设计可以让人怀念的东西，或者旧时记忆中的构件、物品就会给人一种很强的安心感。我希望能设计出让人可以全身心放松的住宅，所以比起创造有趣的空间，我更关注如何选择居住者可触碰范围内的建筑材料、形状及色彩，因为这些直接决定了一栋建筑是否会带给人安心感与温馨感。

　　做设计一定不能过于纠结细节，应把握好整体与局部的关系，每一个细节、每一处小设计都应为建筑整体的一部分，而不能本末倒置，最后设计出一个不协调的、杂乱的建筑。住宅应当具有包容性，户主喜爱的东西、充满回忆的东西、当地特色的东西都应在建筑中占有其一席之地，囊括这些元素，彼此又相互协调，这样的设计才算得上成功。

　　设计一栋建筑就和在白纸上画画一样，我们为户主设计出一种新的生活方式、一个新的庇护所，但是建筑设计又绝不是在画一幅崭新的油画，画板上的画一定要有原先生活的影子，这样才会使居住者感到安心踏实，才会有勇气去适应新的环境。住宅设计应先保留旧的东西，再加入新的元素。

　　不只是让户主感到温馨，如果能让路过的路人发出"这房子不错啊""看上去很温馨"的感慨，作为一个设计师难道不会非常有成就感吗？

　　住宅可以成为当地的一个小标志，这样即便更换了户主，也能得到大家的爱惜。设计一栋住宅时，我们要提前整理好自己都想将什么元素加入设计中，然后仔细推敲，一步步推进，这样才能建造出一个精致的住宅。设计师、户主、施工工人齐心协力，才能建造出一个理想的住宅。

　　我认为设计住宅是一份令人自豪的工作，住宅是一家人的人生舞台，我们的作品将为居住者开启新的人生篇章。